镍基单晶高温合金

梁爽 著

吉林大学出版社

长春

图书在版编目(CIP)数据

镍基单晶高温合金 / 梁爽著. --长春:吉林大学
出版社,2020.6
ISBN 978-7-5692-6647-4

Ⅰ. ①镍… Ⅱ. ①梁… Ⅲ. ①镍基合金－耐热合金－
研究 Ⅳ. ①TG146.1

中国版本图书馆 CIP 数据核字(2020)第 113364 号

书　　名　镍基单晶高温合金
　　　　　NIEJI DANJING GAOWEN HEJIN
作　　者　梁爽　著
策划编辑　吴亚杰
责任编辑　刘守秀
责任校对　樊俊恒
装帧设计　王茜
出版发行　吉林大学出版社
社　　址　长春市人民大街 4059 号
邮政编码　130021
发行电话　0431－89580028/29/21
网　　址　http://www.jlup.com.cn
电子邮箱　jdcbs@jlu.edu.cn
印　　刷　长春市华远印务有限公司
开　　本　787mm×1092mm　　1/16
印　　张　12.5
字　　数　222 千字
版　　次　2021 年 6 月　第 1 版
印　　次　2021 年 6 月　第 1 次
书　　号　ISBN 978-7-5692-6647-4
定　　价　65.00 元

前　言

高温合金是指以铁、镍、钴为基,在高温环境下工作,并能承受严酷的机械应力及具有良好表面稳定性的一类合金。总体而言,高温合金具有高的室温和高温强度、良好的抗氧化性和抗热腐蚀性、优异的蠕变与疲劳抗力、良好的组织稳定性和使用的可靠性。正因为如此,高温合金既是航空航天发动机高温部件的关键材料,又是舰船、能源、石油化工等工业领域不可缺少的重要材料,成为衡量一个国家材料发展水平的重要标志之一。

在几种高温合金中,镍基单晶高温合金最为复杂,在热端部件上应用最广,同时也是冶金学家最感兴趣的一类高温合金。这类高温合金的使用温度达到了一般合金系统的最高使用温度。当代先进航空发动机用材总重量的 50% 以上都是这种合金。本书在总结前人有关研究成果的基础上,以新型镍基单晶高温合金的开发与性能研究为主线,对多种镍基单晶高温合金进行了系统阐述,结合 X 射线衍射仪、透射电子显微镜、扫描电子显微镜、电子探针和图像分析仪等测试手段,探讨了镍基单晶高温合金的设计与制备、热处理工艺、有害相存在形态、合金的组织及性能、不同元素对合金组织与性能的影响等内容。

本书共分 8 章。第 1 章着重探讨了高温合金的理论基础,包括合金的特征、分类、发展及应用等内容。第 2 章着重分析了镍基单晶高温合金的成分设计及熔炼。第 3 章着重研究了镍基单晶高温合金的组织及其影响因素,具体包括抽拉速率、浇铸温度、热处理方法等因素对合金的影响。第 4 章着重阐释了镍基单晶高温合金的蠕变行为,以新型镍基单晶高温合金为例对合金的蠕变特征、组织演化、变形机制等内容进行了系统的阐述。第 5 章着重论述了镍基单晶高温合金的损伤机制。第 6 章阐述了元素钨对镍基单晶高温合金的影响以及 TCP 相对合金蠕变性能的影响。第 7 章着重探究了元素钌对合金蠕变性能的影响,通过对比有/无 Ru 合金的蠕变性能、元素浓度分布探讨元素钌对合金蠕变性能影响的作用机理,并对一种2%Ru 合金的蠕变行为进行研究。第 8 章着重分析了 Ru/Re 交互作用对合金性能的影响。

希望通过本书的出版能够有助于高温合金材料的发展,有助于丰富新型镍基单晶高温合金的设计理论基础,并为具有优异性能的新型镍基单晶高温合金早日工业化贡献一份力量。

本书中所设计的新型镍基单晶高温合金以及所阐述的理论均为辽宁省自然基金指导计划(2019-ZD-0376)以及营口理工学院优秀科技人才支持计划(RC201908)的研究成果之一,感谢所有支持和关心本项研究的单位和个人。

由于作者水平有限,书中不妥之处欢迎广大读者不吝赐教。

营口理工学院　梁爽

2020 年 3 月 31 日

目　　录

第1章　概述 ……………………………………………………………… 1

  1.1　高温合金的基本特征 ………………………………………… 1

  1.2　高温合金的发展史 …………………………………………… 2

  1.3　高温合金的分类 ……………………………………………… 6

  1.4　几种典型的镍基高温合金 …………………………………… 11

  1.5　定向凝固与镍基单晶高温合金 ……………………………… 13

  1.6　高温合金的应用 ……………………………………………… 17

第2章　镍基单晶合金的成分设计及熔炼 ……………………………… 26

  2.1　概述 …………………………………………………………… 26

  2.2　合金元素的作用 ……………………………………………… 27

  2.3　电子空穴理论与相计算 ……………………………………… 34

  2.4　新相计算法(Md 法) ………………………………………… 37

  2.5　合金的熔炼 …………………………………………………… 38

  2.6　镍基合金的定向凝固 ………………………………………… 42

第3章　镍基单晶合金的组织及影响因素 ……………………………… 50

  3.1　镍基单晶高温合金的相组成 ………………………………… 50

  3.2　镍基单晶高温合金的热处理 ………………………………… 52

  3.3　抽拉速率对合金组织的影响 ………………………………… 54

  3.4　浇铸温度对合金组织的影响 ………………………………… 57

  3.5　热处理对合金组织的影响 …………………………………… 59

第 4 章　镍基单晶合金的蠕变行为 ···················· 70

4.1　镍基单晶合金的变形机制 ····················· 70

4.2　镍基单晶合金的组织演化 ····················· 71

4.3　一种镍基单晶合金的蠕变特征 ················· 73

4.4　合金在蠕变期间的组织演化 ··················· 78

4.5　合金在蠕变期间的变形机制 ··················· 81

第 5 章　镍基单晶高温合金的损伤机制 ·············· 94

5.1　合金在蠕变期间的损伤和断裂特征 ············· 94

5.2　高温合金的氧化、腐蚀与防护 ················· 107

第 6 章　W 对合金蠕变性能的影响 ················· 118

6.1　长期时效对组织形貌的影响 ··················· 119

6.2　W 含量对蠕变性能的影响 ····················· 121

6.3　蠕变期间的组织演化 ························· 122

6.4　W 浓度对 TCP 相析出的影响 ················· 126

6.5　TCP 相对裂纹萌生的影响 ····················· 127

第 7 章　Ru 对合金蠕变性能的影响 ················ 129

7.1　合金成分设计及制备 ························· 130

7.2　Ru 对元素浓度分布的影响 ···················· 132

7.3　Ru 对晶格错配度和蠕变寿命的影响 ··········· 137

7.4　Ru 及蠕变对浓度分布的影响 ················· 141

7.5　含 Ru 合金的蠕变行为与变形机制 ············· 149

第 8 章　Ru/Re 交互作用对合金性能的影响 ········· 161

8.1　Ru/Re 对合金组织形貌及浓度分布的影响 ······· 162

8.2　蠕变期间元素在 γ/γ' 两相的分配行为 ·········· 169

8.3　Re 对 γ' 相粗化及长大速率的影响 ············· 173

8.4　Re/Ru 影响元素浓度分布的理论分析 ··········· 175

8.5　一种 4.5%Re/3%Ru 合金的蠕变行为和变形机制 ··· 176

第1章 概　述

1.1　高温合金的基本特征

　　高温合金是指以铁、镍、钴为基,能在 600℃ 以上的高温及一定应力作用下长期工作的一类金属材料。高温合金具有较高的高温强度,良好的抗氧化、抗腐蚀性能、疲劳性能、断裂韧性等综合性能[1]。高温合金为单一奥氏体组织,在各种温度下具有良好的组织稳定性和使用可靠性。基于上述性能特点,且高温合金的合金化程度高,故其又被称为"超合金",是广泛应用于航空、航天、石油、化工、舰船的一种重要材料。按基体元素来分,高温合金又分为铁基、镍基、钴基等高温合金。铁基高温合金使用温度一般只能达到 750~780℃,对于在更高温度下使用的耐热部件,则采用镍基和难熔金属为基的合金[2]。镍基高温合金在整个高温合金领域占有特殊重要的地位,它广泛地用来制造航空喷气发动机、各种工业燃气轮机最热端部件[3]。

　　热端零部件,即涡轮叶片、导向叶片、涡轮盘、燃烧室等四大零部件,几乎都由高温合金制成。近年来,随着发动机推重比的不断增大,涡轮入口温度不断提高,这就要求零件所使用的高温合金的力学性能越来越高。这就意味着,只有不断改善高温合金的成分和工艺,使高温合金的承温能力不断提高,才能保证航空航天用发动机和工业燃气轮机的不断发展。其中不同级别战斗机所对应的涡轮入口温度、所要求的推重比以及所使用的高温合金最能说明问题。以第一代歼击机 F100 为例,其涡轮入口温度只有 988℃,推重比为 4.63;以第二代歼击机 F4 为例,其涡轮入口温度猛增至 1 399℃,推重比达到 7.8;以第四代歼击机 F22 为例,其涡轮入口温度增至 1 550~1 750℃,推重比高达 10。不同战斗机所使用的高温合金材料也不断发展,上文所提到的三种歼击机涡轮叶片所使用的材料分别为 René80,DS80H 和 CMSX-4。随着发动机要求的不断提高,高温合金的性能也不断提高[4]。

　　随着航空发动机要求的不断提高,除了采用性能更优异的高温合金材料之外,高温合金的使用量不断增大。例如，F100 歼击机发动机中高温合金的使用量仅为 10％，钢的使用量为 85％，F4 歼击机发动机高温合金中高温合金的使用量骤增至 51％，钢的使用量仅为 11％。之后，高温合金在发动机中的使用量不断提高，可见高温合金在航空发动机中的重要地位[5]。

1.2 高温合金的发展史

1.2.1 英国高温合金的发展

英国是世界上最早研究和开发高温合金的国家。1939 年英国继德国 Heinkel 涡轮发动机问世之后，独立研制成功 Whittle 发动机。为满足这种发动机热端部件的要求，1939 年英国 Mond 镍公司，首先在 80Ni-20Cr 电热合金中加入 0.3％Ti 和 0.1％C，成功研制出 Nimonic75 合金[6]，其在 800℃、47MPa 应力下，经 300h 蠕变应变不超过 0.1％，已能满足最初提出的要求，但较低的蠕变强度使这一合金更适合制作板材，生产火焰筒等板式零件，为了提高蠕变强度，把 Nimonic75 合金中的钛含量提高至 25％，同时加入 1％左右的 Al，发展成 Nimonic80 合金，是最早的 $Ni_3(Al, Ti)$ 强化的涡轮叶片合金，1941 年正式得到应用。1944 年，对 Nimonic80 的 Al 和 Ti 含量稍加调整，并改进生产工艺之后，发展成 Nimonic80A。1945 年，用 20％Co 代替镍，由 Nimonic80A 发展成 Nimonic90 合金。1951 年，采用比较好的热加工方法，把 Nimonic90 合金的 Al 和 Ti 含量进一步提高，发展出了 Nimonic95 合金。1955 年，为了进一步提高蠕变强度，在 Nimonic90 合金中加入 Mo，并且更精确地选择 Al 和 Ti 含量，发展了 Nimonic100 合金。从 1991 年至 1955 年，Nimonic 合金的使用温度提高了约 120℃。在 Nimonic95 和 Nimonic100 尚未在工业上获得应用之前，1958 年又研制成功 Nimonic105 合金。20 世纪 60 年代，真空技术广泛应用，1959 年研制成功 Nimonic115，以后又研制成功 Nimonic118 和 Nimonic120 合金。这些合金主要用来制作涡轮叶片，属变形合金。这些合金也可以作为铸造合金精密铸造复杂形状零件。铸态 Nimonic 合金称为 Nimocast 合金，如 Nimocast75、Nimocast80 和 Nimocast90 等。以后又发展了一些性能更好的铸造合金，研制出了定向凝固和单晶合金，如罗罗公司发展的单晶高温合金 SRR99、SRR100 和 SRR2060 等。图 1.1 为高温合金的发展历程。

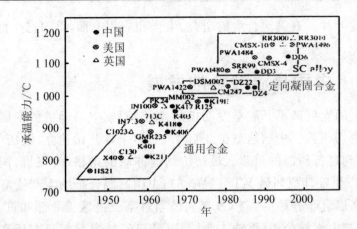

图 1.1　高温合金的发展历程（在 137MPa/1000h 条件下的持久温度）

1.2.2　美国高温合金的发展

美国高温合金的发展晚于英国。美国的航空发动机是在 1941 年以后才开始发展的。1942 年美国钴业公司发展了 Hastelloy B 变形镍基合金,用于通用电器公司研制的 Bellp-59 喷气发动机和 I-40 喷气发动机。1943 年通用电器公司的 J-33 发动机使用了钴基合金 HS-21 制作涡轮工作叶片,代替原来选用的变形合金 Hastelloy B,开创了使用铸造高温合金制作涡轮叶片的历史。由于吸收了英国高温合金发展的经验,很快就发展出了 40 多种高温合金[7]。1944 年美国西屋公司的 Yan Kee 19A 发动机采用了钴基合金 HS-23 精密铸造叶片。1950 年美国出兵朝鲜,由于钴资源短缺,镍基合金迅速发展,广泛用作涡轮叶片。这一时期,美国普惠公司、通用电器公司和特殊金属公司分别研制成功 Waspaloy、M252 和 Udimet500 等合金,并在这些合金的基础上,采取了类似于 Nimonic 合金的不断强化的方法,发展形成了 Inconel、Mar-M 和 Udimet 等牌号系统。20 世纪 50 年代初期,Eiselstein 研制成功 IN-718 合金[8],这一合金用 γ 和 γ′ 相强化,直到现在,用量愈来愈大,用途愈来愈多。20 世纪 50 年代,由于真空熔炼技术的出现,广泛发展了镍基铸造合金 N100、Rne100 和 B1900[9]。

20 世纪 60 年代和 70 年代,高温合金的新工艺蓬勃发展,工艺技术的发展超过了合金成分的研制,成为高温合金向前发展的主要推动力,发展了许多性能更优异的高温合金,如定向凝固(DS)合金,单晶(SC)合金和 DS 共晶合金。单晶高温合金的使用温度达到了合金熔点的 90%。又如粉末高温合金和弥散强化高温合金,利用高温合金粉末制备高强度涡轮盘,利用弥散强化高温合金制备火焰筒、导向叶片和洞轮叶片。在高温合金的研究、生产和应用方面,美国在全世界处于领先地位。

1.2.3 中国高温合金的发展

高温合金的发展离不开航空发动机的发展,而航空发动机的发展与各种军用飞机的发展密切相关。中国航空工业自 1951 年 4 月开始建立,经历了从修理、仿制、改进改型到自行研制的道路。最初仿制前苏联的米格 15 飞机,国产化飞机命名为歼 5,国产化发动机叫做 WP5(涡喷 5),中国高温合金的生产就是从试制 WP5 发动机所需高温合金开始的。1956 年初经当时第二机械工业部和重工业部批准,由抚顺钢厂、鞍山钢铁公司、钢铁工业综合研究所、航空材料研究所和沈阳发动机制造厂共同承担 WP5 发动机火焰筒材料 GH3030 合金的试制任务。同年 3 月 26 日,在前苏联专家指导下,在经历 2 批失败的经验教训基础上,顺利将钢锭锻成板坯,表面质量良好[10]。板坯由鞍山钢铁公司第二薄板厂轧制。经航空材料研究所和沈阳发动机厂检验,并由前苏联技术部复验,证明国产 GH3030 板材符合技术条件要求[11]。1957 年,沈阳发动机厂用国产 GH3030 板材加工成火焰筒,在 WP5 发动机上通过了长期试车考核,我国第一个高温合金正式试制成功。因此,1956 年 3 月 26 日这一天就是中国正式生产高温合金划时代的纪念日。

继 GH3030 试制成功之后,抚顺钢厂又试制成功 WP5 用涡轮叶片合金 GH4033 和涡轮盘合金 GH34,航空材料研究所试制成功涡轮导向叶片材料 K412 铸造镍基合金。到 1957 年底,歼 5 飞机发动机用 4 种高温合金全部试制成功。抚顺钢厂成为我国第一个变形高温合金试制生产基地,北京航空材料研究所成为我国精密铸造工艺开发基地之一。GH3030 合金板材生产在 1960 年正式投产,在批量生产后发现严重质量问题,焊接性能不稳定,火焰筒出现严重裂纹,致使沈阳发动机厂 3000 多个火焰筒停产。经过航空材料研究所、钢铁研究院和中国科学院金属研究所有关科技人员的技术攻关,到 1962 年 GH3030 合金的冶金质量问题终于被解决。

1958 年为配合歼 6 飞机用 WP6 发动机的生产,开始对 WP6 涡轮叶片合金 GH4037、火焰筒材料 GH3039 和鱼鳞片材料 GH3044 开展试制工作。当年年底 GH3039 和 GH3044 两个合金在沈阳发动机厂通过长期试车。1959 年中苏关系恶化,1960 年前苏联中断了高温合金的供应。中国高温合金生产从此开始走上全部立足于国内的独立自主道路。为解决 WP6 发动机用三大关健高温合金 GH4037、GH3044 和 GH3039 存在的一些冶金质量问题,1963 年抚顺钢厂与钢铁研究院、航空材料研究所和中国科学院金属研究所组成的攻关组,用了一年时间进行反复试验,三种高温合金质量都达到技术要求,并于 1964 年通过了长期试车考核。

歼 7 飞机用 WP7 发动机关键涡轮叶片材料 GH4049 于 1962 年由抚顺钢厂和钢铁研究院正式开始试制。1965 年在 WP7I-01 发动机长期试车成功。航空材料研究所、沈阳发动机厂、中国科学院金属研究所、航空工艺研究所对合金的复验、模锻、切削加工性能开展了相应工作。

由于中国缺少镍,而高温合金大多都含有 50% 以上的镍,为了节约镍,利用国产资源,几乎在同一时期,中国科学院金属研究所、航空材料研究所、钢铁研究院、抚顺钢厂和上海钢铁研究所等单位都开展了以铁代镍的高温合金研究工作。先后研制成功 GH2135、GH140、GH2130、GH2302 和 K213 等铁基高温合金,开创了中国自主研制高温合金的先河。

航空材料研究所研制成功的 GH1140 铁基板材合金,抗冷热疲劳性能好,塑性高,已达到或接近 GH3030 和 GH3039 的水平制作 WP6 发动机火焰筒已成批生产。GH1140 已成为一种优良的、生产量最大的火焰筒材料。钢铁研究总院研制的铁基铸造合金 K213 合金是中国目前比较理想的 750℃ 以下工作的增压涡轮材料,它可作为 750℃ 左右工作的燃气轮机、烟气轮机的工作叶片和导向叶片材料,K213 烟气轮机叶片最长寿命已达 24500 小时[12]。中国科学院金属研究所研制的 GH2035A 铁基变形合金,制成涡轮螺桨发动机一级涡轮内、外环等零件已投入民航使用。中国科学院金属研究所研制成功的铁基高温合金 GH2984,在舰艇上制作主锅炉过热器,使用寿命长、效果良好。用这种过热器装备舰艇已进行 10 万 km 远洋航行[13]。

在同一时期,中国除了开展以铁代镍的高温合金研制外,还开展了以铸代锻的高温合金研制,航空材料研究所先后研制成功铸造铁基合金 K211 和 K414,铸造镍基合金 K403、K405 和 K406。中国科学院金属研究所研制成功美国最成熟的铸造镍基合金 IN100,钢铁研究总院研制成功铸造镍基合金 K418。

中国高温合金的发展至今已 50 年,从 1956 年至 70 年代初为第一阶段,这是中国高温合金的创业和发展阶段,高温合金从无到有,质量达到了前苏联技术标准和实物水平,有些合金超过了当时苏联实物水平,而且独立研制了一批中国自己的高温合金。我国高温合金的研制和生产已有相当规模,我国所需高温合金可以全部立足于国内,已形成年产一万吨盘、棒、板、丝、带、环和管材的生产能加。从 20 世纪 70 年代中至 90 年代末为中国高温合金发展的提高阶段。在这一阶段我国先后试制了一些欧美航空发动机,如 WS8、WS9、WZ6 和 WZ8 等,因此也就相应试制了一批欧美体系的高温合金,如涡轮叶片合金 GH4093、GH4710、GH4105、K409、K4002

和 GH4080A，导向叶片材料 K640、K423、GH5188 和 GH5605，以及涡轮盘材料 GH290l、GH4500 和 GH4l69 等合金。按这些合金的技术标准，对高温合金的纯洁度、均匀性和综合性能提出了比前苏联更高的要求，使我国高温合金的生产工艺和质量水平又上了一个新台阶，接近或基本达到了西方先进工业国家的水平。

进入 20 世纪 90 年代，中国设计出自己的先进航空发动机，科研部门研制了一批具有先进水平的高温合金，如定向凝固镍基高温合金 DZ417G、DZ4125 等，单晶合金 DD403、DD402 和 DD406 等，试制了一些西方镍基定向凝固高温合金 DZ4125、DZ640M 和粉末冶金涡轮盘用镍基合金 FGH4095 等。

进入 21 世纪，由于能源的需要，中国开始大量引进和制造不同型号的中型和重型燃气轮机，为满足这些发动机需要，正在研制一批西方的和前苏联的抗热腐蚀高温合金，如铸造涡轮叶片合金 K444、K435、K452、K446 和变形合金涡轮叶片合金 GH4413 等，涡轮盘合金 GH4698 和 GH4742 等。这些合金除要求具有良好的抗热腐蚀性能外，还要求长达 10 万小时的寿命，因此组织稳定成为十分重要的指标。21 世纪应该是高温合金研制和生产的第 3 阶段，即燃气涡轮发动机用抗热腐蚀高温合金研制和生产阶段[14]。

50 多年来，中国高温合金已取得了令人瞩目的成就，形成了一支实践经验丰富，有较高理论水平的生产与科研队伍，建立了以抚顺钢厂、上钢五厂和长城钢厂为主的变形高温合金生产基地和中国科学院金属研究所、航空材料研究院和钢铁研究总院为主的铸造高温合金母合金生产基地，研制成功近 200 种高温合金，是继美、英和前苏联之后的第四个有高温合金体系的国家。几十年来，中国共生产各类高温合金 6 万多吨，保证了我国 5 万多台航空发动机及航天火箭发动机生产及发展的需要，也满足了其它民用工业及部分工业燃气轮机的要求。

1.3　高温合金的分类

1.3.1　按合金基体元素分类

1) 铁基高温合金

Fe 元素为该合金的主要组成元素，同时合金中含有较高比例 Ni 元素（含量高达 25%～60%），一般情况下该合金在 600～800℃ 温度条件下工作。铁基高温合金是由奥氏体不锈钢发展而来的，其拥有较高的中温力学性能和较高的热加工性能，其通常作为制作航空发动机和工业燃气轮机上的涡轮盘，也可制作导向叶片、涡轮叶片、燃烧室等部件。但是由于铁基高温合金组织不够稳定，抗氧化能力较弱，高温强度不足[15]，故铁基高温合金一般不在更高温度下使用，如：GH2135，GH2035A，GH2984，GH2901，GH2761，GH2132，GH2302，K213，K214 等。

2）钴基高温合金

钴和镍为该合金的主要组成元素，同时合金中含有一定量的 Cr 元素，其服役温度通常为 730～1 100℃[16]。钴基高温合金高温性能较好，中温性能较差，抗腐蚀、抗氧化性能较好，主要应用于工业燃气轮机、舰船燃气轮机的导向叶片等。但是钴是一种战略资源，世界上绝大多数国家缺钴，全世界已探明储量仅为 148 万 t，这是限制钴基高温合金发展的一大重要原因。中国于 20 世纪 70 年代，由于引进西方航空发动机，才开始仿制钴基高温合金，以满足仿制发动机的需要，如：GH6159，GH5188 等[17]。

3）镍基高温合金

该合金是以镍元素作为基体，镍元素含量占比 50% 以上，同时合金含有 10% 以上的 Cr 元素，所以该合金也被称为 Ni-Cr 基合金[19]。由于镍基高温合金可溶解较多的金属元素的同时保持组织稳定性，而且共格有序的 A_3B 型金属间化合物 γ'-[Ni(Al,Ti)]相作为强化相有效地提高了合金的高温强度，所以相较于其他两种高温合金，镍基高温合金的应用最为广泛[20]，发展速度也更快。由于拥有更好的高温强度、抗氧化性能、抗高温腐蚀性能以及抗疲劳性能，所以镍基高温合金被广泛应用在航空航天、舰船、发电和化工等重要工业领域，其主要用途是制造热端部件，尤其在航空航天发动机的重要结构/功能部件，镍基高温合金部件质量占比 20% 以上[21]。

1.3.2　按合金的强化类型分类

1）固溶强化高温合金

合金通过固溶处理，使成分均匀并获得大小适合的晶粒度然后制成零件应用。以镍基单晶高温合金为例，其组织特点是立方 γ' 相以共格方式镶嵌在 γ 基体中。固溶强化的作用机理是合金中各原子，尤其是 W，Mo，Ta，Re 等难溶元素对合金的各种物理性质的影响，包括 γ/γ' 两相之间的错配度、短程有序等影响[22,23]。当溶质原子进入晶体中时，由于其他难溶元素的原子尺寸与 Ni 原子尺寸不一，这使得晶格产生畸变应力[24]。同时由于原子之间结合力的不同，会引起原子之间弹性能的变化。这都会增加合金在蠕变过程中位错的运动阻力。Re 原子可引起比较强的固溶强化作用,主要原因是 Re 在基体中分布不均匀,产生偏聚,可形成原子团簇,该结构可产生比单个原子更强的固溶强化作用。

对于镍基高温合金而言,不同的元素会对合金的晶格常数产生不同的影响,通常来说,原子尺寸越大,对合金晶格常数影响越大,同时其溶解度更小。所以溶解度较小的元素(难溶元素)会引起晶格常数的增大,引起较大的晶格畸变,从而产生更好的固溶强化作用。但是较小的溶解度也限制了元素的添加量。所以如何控制难溶元素的添加比例是合金设计的关键。不同元素对于镍基单晶高温合金晶格常数的影响,如图 1.2 所示[25,26]。

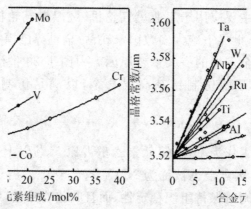

图 1.2　不同元素对镍基合金晶格常数的影响

2)沉淀强化高温合金

合金通过固溶处理和时效处理,使沉淀强化相或等均匀弥散的析出阻碍位错运动,大幅度提高高温合金的强度。这类合金主要用作涡轮叶片和导向叶片材料。以镍基单晶高温合金为例,其强化作用的本质为合金在蠕变期间位错与第二相之间的交互作用,其作用机理归纳如下:

(1)由于 γ' 相以共格方式析出,所以在 γ 基体相周围会产生应力场,二者晶格错配度越高,则位错在基体中运动需要克服的阻力也就越大[27]。

(2)当合金中第二相强度较低或施加应力较大时,位错可切割进入第二相,如图 1.3 所示。对于镍基单晶合金而言,位错线在 γ' 相的(111)滑移面沿[110]方向运动[28,29],位错切割第二相阻力,其大小决定了位错运动的难易程度。阻力的大小与以下因素有关:γ' 相与 γ 相之间的弹性应变场,即共格强化作用;位错切割 γ' 相后增加的表面能,即表面强化作用;位错切割 γ' 相后,所形成的层错可阻碍位错运动,即层错强化;γ 相和 γ′相的弹性模量差,即模量强化;位错切割 γ′相时,形成的反向畴界也可阻碍位错运动[30]。

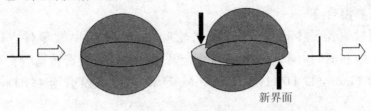

新界面

图 1.3　位错切割第二相粒子机制的示意图

(3)当第二相质点具有较高强度时,位错将无法剪切进入第二相,需通过攀移的方式越过第二相。图 1.4 为位错通过 Orowan 机制攀移越过球形第二相的示意图[31]。

当位错以 Orowan 机制绕过某一质点后会在第二相周围形成位错环,从而阻碍后续位错的运动。以 Orowan 机制绕过第二相质点所增加的屈服强度数值,可由式(1.1)表示[32]。

$$\Delta \tau = 0.2 Gb\Phi \frac{2}{\lambda} \ln(\frac{r}{2b}) \qquad (1.1)$$

式中,r 为质点的半径;G 为弹性模量;Φ 为柏氏矢量与位错线夹角的函数;b 为柏氏矢量;λ 为质点间距。通过公式可知,当 r 一定时,增加第二相的体积分数可使 λ 变小,从而增大位错运动的阻力;当 λ 一定时,增加第二相的体积分数可使 r 增大,从而增大位错运动的阻力。所以,减小第二相质点间距和增大质点尺寸均可增大第二相体积分数,从而使位错运动阻力增大[33]。

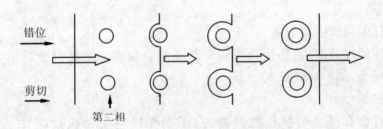

错位

剪切

第二相

图 1.4　位错绕过 γ′相过程的示意图

1.3.3　按合金的成型工艺分类

1)变形高温合金

合金通过真空冶炼等工艺浇铸成钢锭,然后通过锻造、轧制等热变形,制成饼坯、棒、板、管等型材,最后模锻成涡轮盘和叶片等毛坯,经热处理后加工成涡轮盘和涡轮叶片等零件。这类合金有 GH2l35,GH2984,GH2901,GH4710,GH4413,GH4738 等。

2)铸造高温合金

合金通过真空重熔直接浇铸成涡轮叶片、导向叶片等零件。这类合金有 K417,K417G 和 K640 等。铸造高温合金又可分为普通精密铸造合金(K)、定向凝固高温合金(DZ),如 DZ417G、DZ640M 等和单晶高温合金(DD),如 DD403,DD406 等。

3)粉末高温合金

将高强化难变形高温合金,用气体雾化等方法制成高温合金粉末,然后用热等静压(HIP)或热挤压等方法,将粉末制成棒材,最后制成涡轮盘等零件。这类合金有 FGH4095,FGH4096 和 FGH4097 等。

1.3.4　按合金的使用特性分类

1)抗热腐蚀高温合金

在舰用和近海陆基发电用等燃气轮机中工作的涡轮叶片等零件,要经受 Na_2SO_4 和 NaCl 介质引起的热腐蚀,这类合金一般 Cr 含量较高,抗热腐蚀性能优异。如 K441、K435、K452、K438、K640、DZ640M 和 DD408 等。

2)低膨胀高温合金

这类合金在一个很宽的温度范围具有很低的热膨胀系数,制作航空发动机燃气涡轮机匣、封严圈及涡轮外环等零件,可精确控制涡轮中轴与外环之间的间隙,对提高效率、节省燃料和改善发动机性能有重要作用,如 GH2903,GH2907 和 GH2909 等。

3)高屈服强度高温合金

在使用温度范围内,屈服强度较一般高温合金高。这类合金适用于制作航空发动机涡轮盘,如 GH2761 等。

4)抗松弛合金

这类合金有突出的抗松弛性能,适于制作航空发动机紧固件,如 GH4141、GH6159,GH4738,GH2135 和 GH2132 等。

1.3.5　按合金的用途分类

1)涡轮叶片用高温合金

这类合金具有良好的综合性能,主要用于制作航空发动机和各种工业用燃气轮机的涡轮叶片,如 DZ417G,K417,DZ4125L,DD406,K418B,GH4710,GH4093 和 DZ422B 等

2)涡轮导向叶片用高温合金

这类高温合金的突出特点是初熔温度较高,抗冷热疲劳性能优异,抗氧化腐蚀性能良好,适于制作航空发动机和各种工业燃气轮机的导向叶片,如 K452,K640S,K403,K417G,K423,K423A,K441 和 DZ640M 等。

3)燃烧室用高温合金

这类合金工艺塑性良好,可以制成板材,然后制成燃烧室中的火焰筒等零部件,如 GH3044,GH1140,GH4099,GH1015,GH3030 和 GH3039 等

1.4　几种典型的镍基高温合金

1.4.1　镍基高温合金 GH3030

GH3030 合金是早期发展的 80Ni-20Cr 固溶强化型高温合金,化学成分简单,电弧炉熔炼或电弧炉熔炼加电渣重熔或真空电弧重熔,非真空感应炉加电渣熔炼或真空电弧炉重熔或真空双联工艺。在 800 ℃ 以下具有满意的热强性和高的塑性,并具有良好的抗氧化、热疲劳、冷冲压和焊接工艺性能。合金经固溶处理后为单相奥氏体,使用过程中组织稳定。主要用于制作 800 ℃ 以下工作的涡轮发动机燃烧室部件和在 1 100 ℃ 以下要求抗氧化但承受载荷很小的其他高温部件。已在航空发动机上经过了长期使用考验,主要用于制作燃烧室和加力燃烧室零部件以及机匣安装边等零部件。GH3030 相近牌号:俄罗斯的 ЭИ435,ХН78Т。

1.4.2　粉末镍基合金 FGH95

随着航空工业的发展,航空发动机使用部件要求具有更高的可靠性和安全性,尤其对用于制造航空发动机涡轮盘等热端关键部件的材料提出了更高的要求[34,35]。伴随合金化程度增加,强化元素不断增多,用于制备航空发动机涡轮盘的传统变形高温合金,存在严重的元素偏析和组织不均匀、热加工性能恶化等一系列问题,致使常规铸造和变形工艺都无法满足制备新型发动机盘件的需要[36,37]。粉末高温合金是 20 世纪 60 年代研制的新一代高温合金,用精细的金属粉末作为

成形材料,经过一系列的热加工制备工序得到的合金,其组织均匀,无宏观偏析,晶粒细小,且具有屈服强度高和疲劳性能好等一系列优点,成为高推重比航空发动机涡轮盘关键部件的首选材料[38,39]。粉末高温合金的发展历程,如图 1.5 所示。

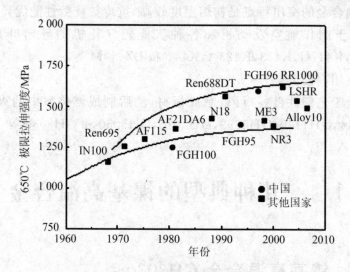

图 1.5　粉末高温合金的发展历程

粉末高温合金经历了近 60 年的发展历程,工作温度从 650 ℃增加到 750 ℃,提高了合金的高温力学及蠕变性能,尤其是损伤容限性能得到大幅度提高。目前,国内已研制出以 FGH95 合金为代表的第一代高强型和以 FGH96 合金为代表的第二代损伤容限型粉末高温合金,但与国外相比,还存在较大的差距。

FGH95 合金是一种高合金化相沉淀强化型粉末镍基合金,由于该合金在 650 ℃具有良好的力学及抗蠕变性能,故被广泛应用于制作航空发动机涡轮盘部件。FGH95 粉末合金的制备工艺主要包括热等静压(HIP)和热处理等环节。

热等静压是指在充满高压气体的压缸内,粉末在高温和均匀高压同时作用下压实成型,其工艺流程如图 1.6 所示。在低于 γ 相溶解温度进行热等静压时,由于粗大 γ′ 相未能完全溶解,可阻碍晶粒长大,且沿晶界分布的粗大 γ′ 相呈粒状形态;随着 HIP 温度提高,残余枝晶数量减少,晶粒尺寸增大,室温屈服强度下降,而持久寿命和塑性增加。研究表明:HIP 期间,施加的压力应高于相应温度下颗粒的屈服应力,使颗粒尤其是小颗粒产生一定的变形,HIP 的保压时间应足以消除残余孔隙,保证料坯完整致密,故 HIP 期间,选用的工艺参数(压力、温度及冷速)对 γ′ 相形态和尺寸有重要影响。

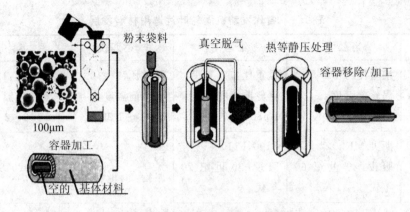

图 1.6　热等静压制备工艺流程

　　合金的热处理包括：不同温度固溶处理和二次时效处理，采用不同的热处理制度，合金可获得不同的组织结构与蠕变性能。为了调整合金中相的尺寸、形态及体积分数，以得到较理想的组织结构和力学性能。合金需要进行高温固溶处理，其目的是使合金中的相及碳化物充分溶解，获得较高浓度的过饱和固溶体，使其在时效期间析出细小的强化相；同时，固溶态合金可采用油浴和盐浴等不同的冷却方式，以调整合金中碳化物和相的数量、尺寸、形态和分布。对合金进行两级时效处理，可最大限度使相自基体中析出，提高相的体积分数及第二相强化效果。在 870 ℃一次时效期间，使相充分析出，提高相的体积分数，且又不使相过分长大。在 650 ℃进行二次时效处理，其温度与工件的服役温度相同，其目的是释放内应力和稳定合金的组织结构。由于合金中相的尺寸、数量和分布对合金的力学及蠕变性能有重要影响，因此选择合理的热处理制度至关重要。

1.5　定向凝固与镍基单晶高温合金

　　航空航天领域的高速发展直接推动了高温材料的不断发展，这主要表现在航空发动机对推重比和涡轮前进口温度的要求逐步提高[40]。发动机的工作温度每提高5 ℃则可提高发动机 1.3％的功率和 0.4％的热效率[41]。20 世纪 50 年代，典型发动机 JT3D 的推力仅为 7 450kg，涡轮前进口温度为 889℃。而到了第三代单晶高温合金，其涡轮前进口温度已经达到了 1 677℃[42]。目前，几乎所有的先进航空发动机都采用了单晶镍基高温合金，各代发动机涡轮叶片所选用的材料，见表 1.1[43]。

表 1.1　各代发动机涡轮叶片选用材料发展

代别	第二代	第三代	第四代	第五代
性能指标	推重比:4～6 涡轮前温度: 1 300～1 500K	推重比:7-8 涡轮前温度: 1 680～1 750K	推重比:9～10 涡轮前温度: 1 850～1 980K	推重比:12～15 涡轮前温度: 2 100～2 200K
典型发动机	斯贝 MK202 服役:20 世纪 60 年代	F100,F110 服役:20 世纪 70 年代	F119,EJ200 服役:20 世纪末	预计 2018 年
涡轮叶片	实心叶片	气膜冷却空心涡轮叶片	复合冷却空心叶片	双层壁超冷/铸冷涡沦叶片
结构材料	定向合金和高温合金	第一代单晶合金和定向合金	第二代单晶合金	金属间化合物和第三代单晶合金

　　20 世纪 30 年代,英国展开了镍基高温合金的研究工作,并于 40 年代首先研发出 Nimonic75 型镍基高温合金,同时又通过加入 Al,研制出了具有基体 γ 相以及强化 γ' 两相的 Nimonic80 型镍基高温合金[44]。之后,美国与苏联也分别于 40 年代中期和 40 年代末研制出镍基高温合金,我国于 1956 年首次成功研制了最简单的镍基高温合金 CH3030[45,46]。图 1.1 所示为镍基高温合金的发展历程。随着高温合金的不断发展,人们发现在多晶镍基高温合金中,晶界处杂质较多、原子扩散快,这使得晶界成为合金在高温服役阶段的薄弱环节。裂纹优先于晶界处萌生并扩展,最终导致合金失效。因此,人们设想如消除合金中的晶界,则可消除此类由于晶界弱化而导致的合金失效,从而提高合金的性能。基于此设想,F. L. Varsnyder 等人[47-49]提出了真空定向凝固技术,并付诸实践,该项技术是使合金沿某个特定方向结晶生长,当应力方向与结晶方向相同时,则可基本消除横向晶界。该技术的关键是提高固-液界面液相的温度梯度 G_L[50]。Tiller[51] 等人首先提出"成分过冷"判据:

$$\frac{G_L}{V} = \frac{M_L C_0 (k_0 - 1)}{k_0 D_L} = \frac{\Delta T_0}{D_L} \tag{1.2}$$

式中:G_L 为液-固界面前沿液相温度梯度(K/mm);V 为界面生长速度(mm/s);M_L 为液相线斜率;C_0 为合金平均成分;k_0 为平衡溶质分配系数;D_L 为液相中溶质扩散系数;ΔT_0 为平衡结晶温度间隔。

　　美国 PW 公司正是应用此技术,研制了 PWA1422 型镍基高温合金,至此高温合金又进入了一个崭新的发展阶段。虽然利用定向凝固技术已极大地提高了合金的性能,但是定向凝固合金仍然存在晶界弱化问题,仍无法消除晶界高温弱化的影响,故人们在定向凝固技术的基础上又增加了选晶器,从而使单独一个晶粒优先生长,彻底使合金消除了晶界。选晶法是镍基单晶合金叶片制备中最常用的方法,而螺旋型选晶器是应用最为广泛的选晶器类型,图 1.7 为制备装置示意图[52]。

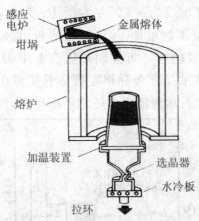

感应电炉　金属熔体　坩埚　熔炉　加温装置　选晶器　水冷板　拉环

图 1.7　利用真空定向凝固技术制备单晶合金示意图

　　选晶器有狭窄界面,只能允许一个晶粒长出,晶粒充满整个型腔,从而得到无晶界合金。由于螺旋结构的攀升方向与散热方向相反,所以螺旋体内的散热较为均匀,因此,在整个螺旋选晶器生长过程中,位向最适合生长的某一晶粒将其他众多的初生晶粒一一淘汰,而不断生长出单晶体,并最终进入试样本体,成为单晶铸件[53]。图 1.8 为螺旋选晶器制备单晶合金的示意图。

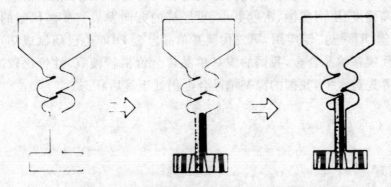

图 1.8　螺旋选晶器制备单晶合金的示意图

20世纪80年代,美国惠普公司成功地研制出第一代镍基单晶合金 PWA1480[54]。之后,欧、美、日、中等国也相继研制出 CMSX-2,CMSX-3,RenéN4,SRR99,AM1,AM3,DD3 等型号的镍基单晶合金[55-57]。第二代单晶高温合金的承温能力较第一代提高了约30℃,其主要原因是添加了约占合金质量3%的 Re 元素,代表合金有 PWA1484,CMSX-4,RenéN5 以及我国自主研发的 DD6 镍基单晶合金。CMSX-10[58]和 RenéN6[59]为第三代镍基单晶高温合金的代表,其主要特点是添加了合金质量5%～6%左右的 Re 元素,其承温能力又提高了约30℃,但是 Re 元素的大量添加增加了 TCP 相的析出倾向,影响了合金组织的稳定性。Ru 元素是目前发现的唯一可抑制高温合金中析出 TCP 相的难熔金属元素,故第四代、第五代镍基单晶合金分别在合金总质量中添加6%Re 的基础上加入了5%左右的 Ru 元素,其承温能力也随之不断提高,如图1.9所示[60]。

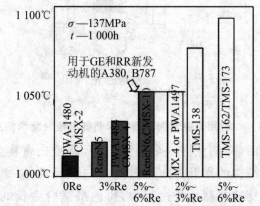

图 1.9 镍基单晶合金的承温能力

由于工业要求的不断提高,尤其是航空航天领域的飞速发展,镍基单晶合金势必向着更高强度、更耐腐蚀、密度更小、更经济的方向发展。我国研制的第一代镍基单晶合金 DD3 已广泛应用,第二代镍基单晶合金 DD6 也已研制成功,相较于其他国家同代镍基单晶合金,我国的镍基单晶合金价格较便宜,性价比较高。但是,相较于世界先进水平,我国的镍基单晶合金仍处于落后状态。

1.6　高温合金的应用

1.6.1　航空发动机

航空发动机被称为"工业之花",是航空工业中技术含量最高、难度最大的部件之一。作为飞机动力装置的航空发动机,特别重要的是金属结构材料要具备轻质、高强、高韧、耐高温、抗氧化、耐腐蚀等性能,这几乎是结构材料中最高的性能要求。

航空发动机的技术进步与高温合金的发展密切相关,高温合金是推动航空发动机发展的最为关键的结构材料。军用航空发动机通常可以用其推重比(推力/重量)综合地评定发动机的水平。提高推重比最直接和最有效的技术措施是提高涡轮前的燃气温度。因此高温合金材料的性能和选择是决定航空发动机性能的关键因素。随着航空装备的不断升级,对航空发动机推重比的要求不断提高,发动机对高性能高温合金材料的依赖越来越大。

在现代先进的航空发动机中,高温合金材料用量占发动机总量的 40％～60％。在航空发动机上,高温合金主要用于燃烧室、导向叶片、涡轮叶片和涡轮盘四大热段零部件;此外,还用于机匣、环件、加力燃烧室和尾喷口等部件。军用航空发动机通常以其推重比的大小来综合判定发动机的水平。提高推重比最直接、最有效的技术措施是提高涡轮前的燃气温度。

燃烧室的功用是把燃油的化学能释放变为热能,是动力机械能源的发源地。燃烧室内产生的燃气温度在 1500～2000℃之间。其余的压缩空气在燃烧室周围流动,穿过室壁的槽孔使室壁保持冷却。燃烧筒合金材料承受温度可达 800～900℃以上,局部可达 1100℃。用于制造燃烧室的主要材料有高温合金、不锈钢和结构钢;其中用量最大、最为关键的是变形高温合金。由于传统的高温合金板材受限于合金的熔点的限制,现在基本已经达到其极限使用温度,难以进一步发展。要使燃烧室用高温合金材料进一步发展,必须研究全新的材料基体和材料制备工艺。目前国际在研的新材料有碳-碳复合材料、高温陶瓷材料、氧化物弥散强化合金、金属间化合物、高温高强钛合金等。

导向叶片是调整从燃烧室出来的燃气流动方向的部件,是航空发动机上受热冲击最大的零件之一。一般来讲,导向叶片的温度比同样条件下的涡轮叶片温度高约100℃,但叶片承受的应力比较低。在熔模精铸技术突破后,铸造高温合金成为了导向叶片的主要制造材料。近年来,由于定向凝固工艺的发展,用定向合金制造导向叶片的工艺也在试制中。此外,FWS10发动机涡轮导向器后篦齿环制造采用了氧化物弥散强化高温合金。

涡轮盘在四大热端部件中所占质量最大。涡轮盘工作时,轮缘温度达550～750℃,而轮心温度只有300℃左右,整个部件的温差大;转动时承受重大的离心力;启动和停车过程中承受大应力低疲劳周期。用于涡轮盘制造的主要材料是变型高温合金,其中GH4169合金是用量最大、应用范围最广的一个主要品种。近年来,随着航空发动机性能不断提高,对涡轮盘要求也越来越高,粉末涡轮盘组织均匀、晶粒细小、强度高、塑性好等优点使其成为航空发动机上理想的涡轮盘合金,但我国工艺生产的粉末涡轮盘夹杂物较多,正在进一步研制中。

涡轮叶片是航空发动机上最关键的构件,涡轮叶片的工作环境最恶劣,涡轮叶片在承受高温同时要承受很大的离心应力、振动应力、热应力等。用于涡轮叶片制造的主材材料是铸造高温合金。近三十多年来铸造工艺的发展,普通精铸、定向和单晶铸造叶片合金得到了广泛应用。单晶合金在国际上得到了快速发展,已经发展了五代单晶合金,成为现今高性能航空发动机高温涡轮工作叶片的主要材料;我国在20世纪80年代开始单晶合金研制,第二代单晶合金已经在先进发动机中进行使用。

1.6.2　航天发动机

航天发动机的特殊工作环境要求其使用材料必须受高温、高压、高的温度梯度变化、高动态载荷和特殊介质的考验,因此对材料的综合性能和加工性能提出了很高的要求。高温合金材料已经占据了航天发动机相当大的比重,在发动机中的应用比例接近总重量的一半,高温合金材料技术的发展直接影响航天发动机研制水平。

航天发动机用高温合金原则上都可以采用航空发动机用高温合金,但航天发动机材料除了承受高温冲击外,还有低温(−100℃以下)环境要求。由于高温合金精密铸造工艺限制,过去形状极其复杂的结构件在航天发动机上一直没有真正加以应用。随着工艺的进步,航天发动机上的许多关键热部件都采用了无余量整体精密铸造高温合金精铸件,简化了发动机结构,降低发动机重量,减少了焊接部分,缩短研制和生产周期,降低研制和生产成本,提高发动机可靠性。随着航天发动机技术的进步,航天发动机用高温合金逐渐呈现出复杂化、薄壁化、复合化、多位一体、无余量的趋势。典型的有涡轮转子、导向器、泵壳体等。我国的"长征"系列火箭以及"神舟"系列飞船,发动机的核心部分都采用了高温合金材料。目前,航天领域使用的液氧煤油和液氧液氢航天运载发动机、小型涡喷涡扇发动机已经定型,并开始批量生产,国内对航天用高温合金母合金和精铸件的需求也在不断增长,进入一个新的增长期。

1.6.3　民用工业高温合金

随着工业化的推进,工业向高端、大型化发展,高温合金在民用工业中的需求也日益增长。高温合金合金也是舰船、火车、汽车涡轮增压器叶片及各类工业燃机叶片的优选材料;铁路运输的高速化、造船业的高品质要求(特别是出口造船)、舰艇动力的高效要求、工业燃机应用的高速发展等急需高性能的高温合金母合金。目前,国内民用工业高温合金占高温合金总需求的20%,而美国50%的高温合金应用于民用工业领域。

燃气轮机是高温合金的另一个主要用途。燃气轮机装置是一种以空气及燃气为介质的旋转式热力发动机,它的结构与飞机喷气式发动机一致,也类似蒸汽轮机。燃气轮机的基本原理与蒸汽轮机很相似,不同处在于工质不是蒸汽而是燃料燃烧后的烟气。燃气轮机属于内燃机,所以也叫内燃气轮机。构造有四大部分:空气压缩机,燃烧室,叶轮系统及回热装置。

燃气轮机的需求增长迅速,除用于发电外,还用于舰船动力、天然气加气站等。与航空用高温合金叶片相比,燃气轮机用高温合金的使用寿命长(10万小时),耐热腐蚀、尺寸大,质量要求很高。

汽车废气增压器涡轮也是高温合金材料的重要应用领域。目前,我国涡轮增压器生产厂家所采用的涡轮叶轮多为镍基高温合金涡轮叶轮,它和涡轮轴、压气机叶轮共同组成一个转子。此外内燃机的阀座、镶块、进气阀、密封弹簧、火花塞、螺栓等都可以采用铁基或镍基高温合金。

涡轮增压系统对燃油效率和性能提升均有明显效果。涡轮增压是利用发动机排出的废气的能量来推动涡轮室内的涡轮,涡轮又带动同轴的叶轮,叶轮压送由空气滤清器管道送来的空气,使之增压进入气缸。当发动机转速增快,废气排出速度与涡轮转速也同步增快,叶轮就压缩更多的空气进入气缸,空气的压力和密度增大可以燃烧更多的燃料,相应增加燃料量就可以增加发动机的输出功率。一般而言,加装废气涡轮增压器后的发动机功率及扭矩要增大20%~60%。2008年中国汽车工业仅涡轮转子对高温母合金的需求就在1900吨以上。

核电工业使用的高温合金包括:燃料元件包壳材料、结构材料和燃料棒定位格架,高温气体炉热交换器等,均是其他材料难以代替的。例如,燃料元件包壳管的管壁在工作时需承受 600～800℃ 的高温,需要较高的蠕变强度,因此大量采用高温合金材料。

高温合金材料在玻璃制造、冶金、医疗器械等领域也有着广泛的用途。在玻璃工业中应用的高温合金零件多达十几种,如:生产玻璃棉的离心头和火焰喷吹坩埚,平板玻璃生产用的转向辊、拉管机大轴、端头和通气管、玻璃炉窑的料道、闸板、马弗套、料碗和电极棒等。冶金工业的轧钢厂加热炉的垫块、线材连轧导板和高温炉热电偶保护套管等。医疗器械领域的人工关节等。

1.6.4　国内外高温合金市场情况

国外高温合金行业发展。目前,全球每年消费高温合金材料近 28 万吨,市场规模达 100 亿美元。全球范围内能够生产航空航天用高温合金的企业不超过 50家,主要集中在美国、俄罗斯、英国、法国、德国、日本和中国。发达国家一般将涉及航空航天应用领域的高温合金产品作为战略军事物资,很少出口。美国在高温合金研发和应用方面一直处于世界领先地位,年产量约为 5 万吨,其中近 50% 用于民用工业。美国有很多独立的高温合金公司,能够生产航空发动机所用高温合金的公司有通用电气公司,普特拉—惠特尼公司,还有其他的生产特钢和高温合金的公司如汉因斯-斯泰特公司,佳能—穆斯克贡公司,因科国际公司等。这些公司都先后发展了自己的高温合金牌号。欧盟国家中英、德、法是世界上主要的高温合金生产和研发代表。英国是世界上最早研究和开发高温合金的国家之一。英国的铸造合金技术世界领先,有代表性的是国际镍公司的 Nimocast 合金,后来该国的飞机发动机制造商罗尔斯罗伊斯控股公司又研制了定向凝固和单晶合金 SRR99、SRR2000 和 SRR2060 等,其研制的高温合金主要用在航空发动机制造方面。日本在镍基单晶高温合金、镍基超塑性高温合金和氧化物晶粒弥散强化高温合金方面取得较大的成功。近年来,致力于开发新型的耐高温合金,并成功开发出在1200℃高温下依然能保持足够强度的新合金。日本主要的高温合金生产企业是IHIcorporation,JFE、新日铁和神户制钢公司。

国内高温合金行业格局。经过 50 多年发展,我国已经形成了比较先进,具有一定规模的生产基地。我们把国内从事高温合金的厂家分为四类:①特钢生产厂:东北特殊钢铁集团抚顺特殊钢公司(简称抚顺特钢)、宝钢股份公司特殊钢事业部(简称宝钢特钢)和攀钢集团长城特殊钢公司(简称攀长钢);②研究单位:钢铁研究总院、北京航空材料研究院、中国科学院金属研究所、东北大学、北京科技大学等。③发动机公司精密铸件厂：中航工业旗下各航空发动机公司的精密铸造厂，黎明、西航、黎阳、南方、贵航等。④锻件热加工厂：西南铝业公司、第二重型机械集团万航模锻厂、中航重机股份有限公司宏远航空锻铸公司和安大航空锻造公司。

目前，国内规模较大的高温合金生产企业有抚顺特钢和钢研高纳。此外，宝钢特钢、攀长钢、中科院金属所、北京航材院也具备一定的产能。在航空航天产业中，用量最大的变型高温合金，主要由抚顺特钢、宝钢特钢、攀长钢等公司完成。特钢企业生产的变型高温合金，适用于大批量、通用性、结构较为简单的产品。钢研高纳在上市后也扩大了变形高温合金产能，募投项目达产后也具备了相当的变型高温合金产能。目前具备铸造高温合金精铸件的厂家分为两类，一类是钢研高纳、中科院金属所和北京航材院三家公司；另一类是黎明、西航、南方、成发等专业发动机厂自行生产精铸件。钢研高纳等三家单位主要承接航天航空发动机厂对外委托的精铸件业务。目前三家单位在铸造高温合金的材料制备、生产技术上均有各自特点，其中钢研高纳产能大于其余两家。根据钢研高纳、抚顺特钢年报及相关公司网站信息，我们估算目前我国高温合金总产能约为 1.26 万吨，实际产量约 8000～9000 吨左右。

参考文献

[1]郭建亭.高温合金材料学[M].北京：科学出版社，2008.

[2]Kabanov I V，Lomberg B S，Sidorina T N. Development of Superalloy Production at the Electrostal Metallurgical Plant[J]. Metallurgist，2017，61(7-8)：565-568.

[3]胡壮麒，刘丽荣，金涛.镍基单晶高温合金的发展[J].航空发动机 2005，31(3)：1-7.

[4]Nabarro F R，Villiers H L D. The physics of creep[J]. Taylor and Francis，1997：53-54.

[5]陈荣章.单晶高温合金发展现状[J].材料工程，1995，8：3-12.

[6]Betteridge，W. 著.尼莫尼克镍铬耐热合金[M].梁学群，译.北京：中国工业出版社，1964，6.

[7]黄乾尧，李汉康，陈国良，郭建亭，等.高温合金[M].北京：冶金工业出版社，2000，1.

[8]Sins C T，Stoloff N S，Hagel W C，Superalloys Ⅱ [M]. New York：A

Wiley-Interscience Publication,John Wiley & Sons,1987,3.

[9]冶军.美国镍基高温合金[M].北京:科学出版社,1978.

[10]叶济生.我国第一个高温合金 GH3030[M].抚顺:抚顺钢厂印物所,1989,195.

[11]郭建亭.GH2135 合金涡轮盘在航空发动机上大量应用[J].金属学报,1995,31(增刊)S126.

[12]郭建亭,周瑞发.中国高温合金四十年[M].北京:中国科学技术出版社,1996,32.

[13]郭建亭,杜秀魁.一种性能优异的过热器管材用高温合金 GH2984[J].金属学报,2003,41(11):1221.

[14]中国航空材料手册编辑委员会.中国航空材料手册[M].北京:中国标准出版社,2002,5.

[15]Yuan Y,Zhong Z H,Yu Z S,et al. Tensile and creep deformation of a newly developed Ni-Fe-based superalloy for 700 ℃ advanced ultra-supercritical boiler applications[J]. Metals and Materials International,2015,21(4):659-665.

[16]Koizumi Y,Kobayashi T,Yokokawa T,et al. Development of next-generation Ni-base single crystal superalloys[C]. Journal of the Japan Institute of Metals, 2004:35-43.

[17]刘宗昌,任慧平,郝少祥.金属材料工程概论[M].北京:冶金工业出版社,2007.

[18]师昌绪,陆达,荣科.中国高温合金 40 年[M].北京:中国科技出版社,1996,33(1):1-8.

[19]Cruchley S,Taylor M P,Evans H E,et al. Characterisation of subsurface oxidation damage in Ni based superalloy, RR1000[J]. Materials Science and Technology,2014,30(15):1884-1889.

[20]唐中杰,郭铁明,付迎,等.镍基高温合金的研究现状与发展前景[J].航空材料,2014,1:36-40.

[21]倪莉,张军,王博等.镍基高温合金设计的研究进展[J].材料导报,2014,28(2):1-6.

[22]王建明,李晓桥,才庆魁.镍基单晶高温合金 γ 和 γ′相合金元素分布特征[J].铸造,2005,54(5):466-469.

[23]Luo Z P,Wu Z T,Miller D J. The dislocation microstructure of a nickel-

base single-crystal superalloy after tensile fracture[J]. Materials Science and Engineering A，2003，354(1-2)：358-368.

[24]Miyahara A. Rapid work hardening caused by cube cross slip in Ni3Al single crystals[J]. Philosophical Magazine A,1996,73(2)：345-364.

[25]孟庆恩,郗秀荣.固溶强化高温合金堆垛层错能与高温蠕变性能的关系[J].金属学报,1987,23(4):97-98.

[26]丁青青.二代镍基单晶高温合金的显微结构演变[D].杭州:浙江大学,2017.

[27]Wang X G，Liu J L，Jin T，et al. Creep deformation related to dislocations cutting the γ' phase of a Ni-base single crystal superalloy[J]. Materials Science and Engineering A,2015,626：406-414.

[28]骆宇时,赵云松,刘志远.热处理对第二代镍基单晶合金 DD11 显微组织及持久性能的影响[J].重庆大学学报自然科学版,2016,39(3):43-50.

[29]温志勋,裴海清,王少飞.长期时效对镍基单晶合金微结构演化和拉伸性能的影响[J].稀有金属材料与工程,2015,8:1873-1878.

[30]王有道,吴尔冬,王苏程.镍基合金 DD10 中 γ/γ' 晶格错配度厚度效应的 X 射线衍射分析[J].金属学报,2011,47(11):1418-1425.

[31]郭建亭,袁超,侯介山.高温合金的蠕变及疲劳-蠕变-环境交互作用规律和机理[J].中国有色金属学报,2011,21(3):487-504.

[32]谢君.热处理对 FGH95 镍基合金组织结构与蠕变行为的影响[D].沈阳:沈阳工业大学,2013.

[33]Han F F,Chang J X,Li H,et al. Influence of Ta content on hot corrosion behaviour of a directionally solidified nickel base superalloy[J]. Journal of Alloys and Compounds,2015,619(619)：102-108.

[34]Zainul H. Development of heat-treatment process for a P/M superalloy for turbine blades[J]. Materials and Design,2007,28(5)：1664-1667.

[35]胡本芙,刘国权,贾成厂,等.新型高性能粉末高温合金的研究与发展[J].材料工程,2007,(2):9-57.

[36] Alniak M O, Bedir F. Modeling of deformation and microstructural changes in P/M René 95 under isothermal forging conditions[J]. Materials Science and Engineering A,2006,429(1-2)：295-303.

[37]张义文,上官永恒.粉末高温合金的研究与发展[J].粉末冶金工业,2004,

14(6):30-43.

[38]Michel N,Atef F. Equicohesion:intermediate temperature transition of the grain size effect in the nickel-base superalloy PM 3030[J]. Journal of Materials Engineering and Performance,2010,19(3): 395-400.

[39]张仁鹏,李付国,肖军. 基于类等势场的粉末高温合金盘件等温锻造预成形设计[J]. 热加工工艺,2007,36(9):70-74.

[40]McLean M. Directionally Solidified Materials for High Temperature Service[J]. British Corrosion Journal,2013,19(4):154-155.

[41]郭建亭. 高温合金在能源工业领域中的应用现状与发展[J]. 金属学报,2010,46(5):513-527.

[42]周振平,李荣德. 定向凝固技术的发展[J]. 中国铸造装备与技术,2003,2:13.

[43]王建明,杨舒宇. 镍基铸造高温合金[M]. 北京:冶金工业出版社,2014:15-17.

[44]Giamei A F,Tschinkel J G. Liquid metal cooling:A new solidification technique [J]. Metallurgical and Materials Transactions A, 1976, 7（9）:1427-1434.

[45]刘林,张军,沈军. 高温合金定向凝固技术研究进展[J]. 中国材料进展,2010,29(7):1-9.

[46]于兴福. 一种无铼镍基单晶合金的蠕变行为及影响因素[D]. 沈阳:沈阳工业大学,2008.

[47]Gessinger G H. Recent Development in Powder Metallurgy[J]. Metal Park,1984: 277-283.

[48]Varsnyder F L,Shank M E. The development of columnar grain and single crystal high temperature materials through directional solidification[J]. Materials Science and Engineering. 1970,6:213-219.

[49]Henderson P J,McLean M. Creep transient in the deformation of anisotropic Nickel-base alloys[J]. Acta Metall,1982,30: 1121-1128.

[50]赵新宝,高斯峰,杨初斌,等. 镍基单晶高温合金晶体取向的选择及其控制[J]. 中国材料进展,2013,32(1):24-38.

[51]卢百平. 定向凝固技术的若干进展[J]. 铸造,2006,55(8):667-771.

[52]Tiller W A. The modification of eutectic structures[J]. Acta Metallurgi-

ca,1957,5(1):56-58.

[53]Szeliga D,Kubiak K,Motyka M,et al. Directional solidification of Ni-based superalloy castings: Thermal analysis[J]. Vacuum,2016,131:327-342.

[54] Zhang J, Lou L. Directional Solidification Assisted by Liquid Metal Cooling [J]. Journal of Materials Science and Technology,2007,23(3): 289-300.

[55]Jackson J J,Donachie M J,Henricks R J,et al. The effect of volume percent of fine on creep in DS Mar-M200+Hf. Metall[J]. Metallurgical Transactions A,1977,8(10): 1615-1620.

[56]Harris K,Erickson G L,Schwer R E. High Temperature Alloys for Gas Turbines and Other Applications 1986[J]. High temperature Technology,1987,(1):52-54.

[57]Nathal M V,Ebert L J. Elevated temperature creep-rupture behavior of the single cystal nickel-base superalloy NASAIR100[J]. Metallurgical Transactions A,1985,16(3):427-439.

[58]Gabb T P,Miner R V,Gayda J,et al. The tensile and fatigue deformation structures in a single crystal Ni-base superalloy[J]. Scripta Metall,1986,20: 513-524.

[59]McHugh P E,Mohrmann R. Modelling of creep in a Ni-base superalloy using a single crystal plasticity model[J]. Computational Materials Science,1997, 9(1): 134-140.

[60]Erickson G L. The development and application of CMSX-10[J]. Super-alloys,1996: 35-44.

第 2 章 镍基单晶合金的成分
设计及熔炼

2.1 概 述

　　高温合金自 20 世纪 30 年代末问世以来,全世界已发展了几百种高温合金牌号,满足航空工业、宇航工业、电力工业、核工业等多种工业部门对高温合金结构材料的不同需求。我国自 1956 年开始生产高温合金,至今已研制了近 200 个高温合金牌号。广大从事高温合金研究和生产的科技工作者,开展了广泛的基础和应用研究,对高温合金的成分、工艺、组织结构、力学性能之间的关系有了比较深入的了解,为高温合金的设计打下了理论基础。同时,计算机技术和信息处理技术的发展,为高温合金材料设计提供了有效的方法。各种热加工技术的发展为高温合金的制备和加工方法的设计优化开辟了新的方向。所以,近年来,高温合金的设计愈来愈受到人们的重视。建立在电子空穴理论和 d 电子理论基础上的相计算(PHACOMP)和新相计算(New PHACOMP)方法,可以预测高温合金是否出现TCP 相,评价现有高温合金在高温长期暴露后组织是否稳定。同时,还可以用于高温合金设计。高温合金研究的许多问题都无法建立确切的数学模型,为了对其中一些规律进行回归,常采用对现有试验数据进行整理,并选用某种回归方法进行处理。然而,回归方法存在局限性。人工神经网络具有自动学习功能,能从试验数据中获得数学模型。它无须预先给定公式的形式,而是以试验数据为基础,经过训练后获得反映试验数据内在规律的数学模型,训练后的神经网络能直接进行推理。人工神经网络在高温合金材料设计和成分优化以及材料性能预测等应用方面近年来日益受到重视。

2.2　合金元素的作用

镍基单晶合金的元素组成十分复杂,通常含有 Ni,Cr,Co,Mo,W、Al,Ti,Ta,Nb,Hf,Re,Ru,C,Ir 等十多种元素。其中 Ni 为基体元素,其他各元素作用不尽相同,但相互影响,表 2.1 是典型镍基单晶合金的成分特点[1]。

2.2.1　镍(Ni)

作为镍基高温合金基体元素的镍在周期表中是第 28 号元素,属ⅧA 族,具有面心立方结构(FCC),从室温到高温没有同素异构转变。同时,由于 Ni 原子的第三电子壳层基本上被填满,它可以溶解比较多的合金元素进行合金化,而仍然保持奥氏体相的稳定性。在所有高温合金中,Ni 基高温合金应用最广泛,在当代先进航空发动机中用材总重量的 50% 以上使用了镍基合金。

2.2.2　钴(Co)

作为钴基合金基体元素的钴在周期表中是第 27 号元素,与 Ni 同属ⅧA 族,具有密排六方晶体结构(HCP)。从室温到高温,要发生同素异构转变,由密排六方(HCP)结构转变为面心立方结构(FCC),而且这种转变具有非热特性,并在温度循环过程中具有可逆性。

钴作为合金元素加入镍基合金中,可以降低基体的堆垛层错能。层错能低,形成层错就容易,层错出现的概率也高,层错的宽度加宽,这种扩展了的位错运动十分困难,必须收缩为一个全位错才行,也就是层错能的降低使交滑移更加困难,这样就需要更大的外力,表现为强度的提高,引起固溶强化。不同 Co 含量对 Refractoloy 26 合金组织和性能影响的研究结果表明,随着 Co 含量的增加,基体层错能降低,合金稳态蠕变速率降低,相应蠕变断裂寿命增加。

表 2.1　典型单晶高温合金的成分

	合金	国家	Cr	Co	Mo	W	Ta	Re	Hf	Al	Ti	Ni	其他
1	PWA1480	美国	10	5.0		4.0	12.0			5.0	1.5	余量	0.5Nb
	RenéN4	美国	9.0	8.0	2.0	6.0	4.0			3.7	4.2	余量	
	SRR99	英国	8	5		10	3			5.5	2.2	余量	
	RR2000	法国	8	6	2	6	9			5.2	1.2	余量	
	CMSX-2	美国	8.0	5.0	6.0	8.0	6.0			5.6	1.0	余量	
	CMSX-3	美国	8.0	5.0	6.0	8.0	6.0		0.1	5.6	1.0	余量	
	CMSX-6	美国	10.0	6.0	3.0		2.0		0.1	4.8	4.7	余量	
	SC-16	法国	16		2.8		3.5			3.5	3.5	余量	
	ЖC32	俄罗斯	5	9	1.1	8.5	4			6		余量	0.15C 1.6Nb 0.015B
	DD3	中国	9.5	5.0	3.8	5.2				5.9	2.1	余量	
	DD8	中国	16.0	8.5		6.0				3.9	3.8	余量	
2	PWA1484	美国	5.0	10.0	2.0	6.0	9.0	3.0		5.6		余量	
	RenéN5	美国	7.0	8.0	2.0	5.0	7.0	3.0	0.1	6.2		余量	0.05C 0.04B 0.01Y
	CMSX-4	美国	6.5	9.0	0.6	6.0	6.5	3.0	0.15	5.6	1.0	余量	
	SC180	美国	5.0	10.0	2.0	5.0	8.5	3.0		5.2	1.0	余量	
	MC2	法国	8.0	5.0	2.0	8.0	6.0		0.1	5.0	1.5	余量	0.01Y
	ЖC36	俄罗斯	4.2	8.7	1.0	12.0		2.0		6.0	1.2	余量	1NbRe
	DD6	中国	4.3	9.0	2.0	8.0	7.2	2.0	0.1	5.7		余量	
3	RenéN6	美国	5.1	12.5	1.2	5.7	8.1	5.3	0.3	6.6		余量	0.045C
	CMSX-10	美国	2.3	3.3	0.4	5.5	8.4	6.2		5.7	0.2	余量	0.02C
	TMS-75	日本	3.0	12	2.0	6.0	6.0	5.0	0.1	6.0		余量	
4	TMS-138	日本	2.8	4.8	2.9	5.8	5.6	5.1	0.05	5.8		余量	1.9Ru
	EPM-102	美国	2.0	16.5	2.0	6.0	8.2	5.9	0.1	5.55		余量	3.0Ru
	MC-NG	法国	4		5	1	5	4	0.1	6	0.5	余量	4.0Ru
5	TMS-162	日本	2.9	5.8	3.9	5.8	5.6	4.9	0.09	5.8		余量	6.0Ru

（合金成分（质量分数%））

2.2.3　铬（Cr）

铬是镍、铁和钴基高温合金中不可缺少的合金化元素，几乎所有高温合金中都含有金属元素铬。强化的镍基高温合金中，通常加入的 Cr 含量约 1/10 进入 γ' 相，还有少量形成碳化物，其余大部分溶解于 γ 固溶体。高温合金基体中的 γ' 相引起晶格畸变，产生弹性应力场强化，而使固溶体强度提高，起固溶强化作用。同时，Cr 还降低固溶体堆垛层错能，使高温持久强度明显提高。

Cr 还有一项重要的功能，即含 Cr 合金在高温条件下会在合金表面形成 Cr_2O_3 氧化膜，在阻止有害元素进入合金基体的同时，可抑制合金内部的元素向外扩散，进而提高合金的抗腐蚀性能和抗氧化性能，但是，Cr 元素的大量加入会导致 TCP 相的析出倾向加剧。研究表明，当 Cr 含量在 5% 以下时，合金的抗氧化性能和抗腐蚀性能急剧下降，所以一般情况下 Cr 含量控制在 5～10% 区间，见表 2.1。但是，从第三代合金开始，Cr 元素的含量已控制在较低水平，但其抗氧化性能和抗腐蚀性能并无明显下降，这归因于 Ta，Re 元素的大量使用仍可抑制其他元素的扩散速率，从而提高了合金的组织稳定性[2]。

2.2.4　钨（W）

W 为难熔元素，熔点约为 3 407℃。在镍基高温合金中 W 溶解于基体和 γ' 相各占一半，钨的原子半径较大，比镍、钴和铁的原子半径大 10%～13%。钨原子在高温合金基体中要引起晶格明显膨胀，形成较大的长程应力场，阻止位错运动，屈服强度明显提高，明显降低基体层错能，层错能降低可有效改善高温合金的蠕变性能。在复杂合金中加入合金元素钨，除上述固溶强化外，W 原子将进入 γ' 相，并影响其他元素在基体与 γ' 相之间分配，改变 γ 基体 γ' 相晶格常数和错配度。同时，钨还促进 TCP 相的生成，这些都将影响合金的力学性能。

2.2.5　钼（Mo）

钼与钨一样，亦为难熔元素，在高温合金中也是使用最广泛的合金元素之一。与钨不一样，Mo 原子大多溶解于 γ 基体中，在 γ' 相中约占 1/4。钼的原子直径也比较大，比镍、钴和铁原子的原子直径大 9%～12%。Mo 可明显增大 Ni 固溶体晶格常数，并使屈服强度明显增大，对于成分复杂的高温合金，Mo 亦有同样作用。Mo 的加入可使合金中形成大量的 MC 碳化物，这些碳化物细小弥散，直径在 150mm 左右，也可以起强化作用。同时 Mo 也进入 γ' 相，改变基体与 γ' 相的晶格错配度。此外，Mo 还可以细化奥氏体晶粒，当 Mo 含量为 6%～7%时，晶粒度为 4～5 级，当 Mo 含量为 8%～9%，晶粒度为 7～8 级，晶粒细小有利于屈服强度提高。过量的 Mo 同样会促进合金在服役期间析出 TCP 相[3,4]。通过表 1.3 可以看到，W，Mo 元素在早期高温合金中的成分占比较高，但是随着高温合金的不断发展，同样为难熔元素的铼元素加入，使得 W，Mo 元素含量逐渐降低。

2.2.6 铝和钛（Al 和 Ti）

Al，Ti 是合金 γ′相主要形成元素，合金的高温强度主要取决于 Al，Ti 元素的加入量以及二者之间的配比。通过增加二者的加入量，可以提高 γ′相的固溶温度和 γ′相的体积分数，一般情况下二者加入量总和占比接近 10%。研究发现，Al 含量高而 Ti 含量低，则合金高温性能更好，Al 含量低而 Ti 含量高，则合金抗热腐蚀性能更好[5-7]。

2.2.7 钽（Ta）

元素 Ta 偏聚于 γ′相中，会增大 γ/γ′两相错配度、具有提高 γ′相强度及高温稳定性的作用，Ta 通常不进入 TCP 相中，强化效果明显；另外，Ta 对合金的抗环境性能、涂层性能、铸造性能和组织稳定性都有改善作用。

2.2.8 碳、硼、铪（C，B，Hf）

由于单晶合金没有晶界，并要求有较宽的热处理"窗口"，为提高合金的初熔温度，在最初发展的商用单晶合金（如 PWA1484，CMSX-2 等）中，"完全去除"了上述元素。但近几年的研究表明：加入少量的（−0.1wt，%）的 Hf 可以明显地改善涂层与基体的相容性和黏结性，提高了涂层的寿命和抗氧化/腐蚀性能，从而发展出第一个含 Hf 的单晶合金 CMSX-3。北京航空材料研究院的研究表明：加入微量 Hf 对单晶合金的工艺性能和力学性能均有好处。同时，C，B 也再次被引入单晶合金的制备，但含量甚微。加 B 是为了强化单晶合金中不可避免的低角度晶界。当然，微量 Hf，C，B 的加入会降低合金的初熔温度，但实验证明，降低幅度很小。Wukusick 在研究 René N5 和 René N6 合金中，为了净化合金液（脱氧）加入了 0.02%～0.07%的元素 C，为了强化单晶合金中的小角度晶界，加入了 0.003%～0.01% 的元素 B，均使持久寿命有较大幅度的提高，并认为可改善合金的抗腐蚀性能。当然，加入微量元素 Hf，B，C，也较小幅度地降低了合金的初熔温度，如含元素 Hf 为 0.1%的 CMSX-3 合金，其初熔温度仅比无元素 Hf 的 CMSX-2 合金低 2～3℃。

2.2.9　铼(Re)

随发动机进气温度和进气量的不断提高,要求发动机热端部件具有更高的承温能力,加入元素 Re 可有效提高合金的承温能力,元素 Re 已成为单晶合金中不可替代的一种元素。因此,加入元素 Re 是目前制造高性能单晶高温合金的最突出成分特征之一。由于 Re 可显著改善单晶合金的蠕变抗力,其强化机制备受众多研究学者的关注和重视,特别是含 Re 单晶合金已在发达国家中得到广泛应用。如:在军事领域,由欧洲研发的 EJ2000 型发动机,及由美国研发的应用于战术战斗机的 ATF 发动机等,其热端部件均由含 Re 单晶合金制备。而在民用领域,美国的波音 777 和欧洲的空客 A380 发动机中叶片部件,也由含 Re 单晶合金制备而成。

考虑到高温合金的主要强化相——γ' 相的尺寸、形态和分布都与材料的高温性能密切相关,特别是 γ' 相的粗化速率,直接影响到高温合金在服役期间的高温性能[8]。合金中高体积分数的立方 γ' 相排列非常紧密,蠕变期间,位错难以剪切进入 γ' 相。但随 γ' 相的化学成分、尺寸、形态或相邻两 γ' 相之间的间隙尺寸发生变化时,都会对 γ 和 γ' 两相间的错配度、γ' 相的体积分数或 γ' 相的粗化行为产生影响,进而严重影响合金的疲劳性能和持久性能。单晶高温合金加入元素 Re,可明显改善其持久、疲劳及蠕变性能[9,10]。研究表明[11],当降低 PWA1480 合金中的 W 含量,并加入 1.35at.% Re 时,其在 1 000℃,200MPa 条件下的持久寿命,从 118h 增加至 223h。

随着人们对元素 Re 在单晶合金中作用的日益关注,通过添加 3% 和 6% 的元素 Re,已成功研制出第二代和第三代单晶合金,其承温能力分别较第一代单晶合金提升约 30℃ 和 60℃。但目前 Re 改善单晶合金中高温蠕变抗力的机理仍有待进一步研究。从制造成本方面考虑,元素 Re 对第二、三代单晶合金的应用有着一定的制约作用。由于地球上元素 Re 的储藏量稀少,导致其价格昂贵,约为国际市场黄金价格的 1/3,因此,含 Re 单晶合金的应用范围受到一定的限制。

研究表明[12-16],Re 元素主要分布于 γ 相内,也有少量 Re 分布于 γ' 相,但对于不同 Re 含量的合金,Re 在 γ/γ' 两相的分配比有所区别。随着合金中 Re 含量逐渐增加,γ' 相的尺寸逐渐减小,形态趋于规则,合金中元素的扩散速率降低,因而,可降低合金中 γ' 相的粗化速率。

Re 具有较低的扩散系数,并可提高其周围元素的扩散激活能[17,18],进而提高合金在高温蠕变期间的组织稳定性。第一性原理计算表明[19],当合金中加入 Re

后，γ' 相的主要构成元素 Al 的扩散激活能由 2.072eV 提高至 3.438eV，另一主要构成元素 Ta 的扩散激活能由 2.672eV 提高至 3.525eV，表明，加入 Re 可提高 γ' 相的晶体稳定性。另一方面，Re 原子周围的最近原子间距缩短[20]，也就是说，Re 可降低合金中 γ' 相的尺寸，因此含 Re 单晶合金在凝固后期，γ' 相不易长大。

由于 Re 可降低周围元素的扩散速率，因此含 Re 镍基合金中的难熔元素容易发生宏观偏析，当偏析元素的浓度达到 TCP 相析出的临界浓度时，合金中容易析出 TCP 相，严重降低合金的组织稳定性和蠕变性能。因此，为了使合金中 γ' 相获取合适的尺寸、形态、分布以及元素的均匀分布，需对含 Re 合金进行高温热处理[21]。

关于 Re 改善合金高温蠕变抗力的作用机理，目前仍存在较大争论，主要争论点在于 Re 是否在基体中形成原子团。Rusing 等人采用三维原子探针对 Ni-Al-Ta-Re 合金的研究表明[22]，Re 在 γ 基体中可形成尺寸为 1nm，平均相邻距离约为 20nm 的原子团；另一方面 Zhu 等人采用分子动力学计算了 Re 在 γ、γ' 相中形成原子团的倾向，表明，Re-Re 原子间具有较强的结合能，具有形成 Re 原子团的倾向。而 Mottura 等人采用原子探针、X 射线吸收精细结构谱（EXAFS）的研究表明[23]，Re 原子在基体中随机分布，在 EXAFS 中并没有发现两个峰值，由此断定 Re 在 γ 基体中并未形成原子团。

2.2.10　钌（Ru）

随着航空发动机对材料性能要求的不断提高，第四代、第五代镍基单晶合金应运而生，其标志性特点就是在 6%Re 的基础上添加了 Ru 元素。Ru 的主要作用是提高合金的组织稳定性，尤其是难熔元素的含量逐步提高是近年来高温合金的发展趋势，因此，对服役期间合金的组织稳定性提出了更高的要求。

含 Ru 镍基单晶合金凝固行为的研究表明[24,25]，Ru 元素略微偏析于枝晶干，Ru 对其他元素在枝晶间/枝晶干的偏析行为影响较小，同时，Ru 可提高合金的液相线温度。当 Ru 含量低于 2% 时，Ru 仅略微提高合金的液相线温度，而当 Ru 含量大于 2% 时，合金的液相线温度不再提高。此外，元素 Ru 可增加合金中共晶组织含量[26]。Liu 等人的研究表明，Ru 可促进 Re，W，Al，Ta 偏聚于枝晶干区域，并增加共晶组织数量，但对液-固相线均无影响[27]。但另有研究表明[28]，Ru 元素本身无偏析倾向，但可以减小其他难熔元素的偏析程度。

对含 Ru 合金组织与性能的研究表明[29-31]，Ru 可减小立方 γ' 相的尺寸，提高立方度，并使其均匀分布。同时，可使立方 γ、γ' 两相错配度变得更负，但部分合金加入 Ru,使 γ、γ′两相错配度趋近于 1。也有文献报道[32],Ru 对 γ、γ′两相错配度无明显影响。

O'Hara 等人[33]的研究表明,Ru 可改变各元素在 γ、γ′两相的分配比,并提出了"逆向分配"效应。所谓"逆向分配"效应是指,原主要偏聚于 γ 相的元素,加入 Ru 后,使其更多地溶入 γ′相中,而原来偏聚于 γ′相的元素,则更多地溶入 γ 相中,并一度被认为是 Ru 提高合金组织稳定性的直接原因。Ofori 等人[34]的研究认为,Ru 确实可以改变元素在 γ、γ′两相的分配比,尤其是 Ru 可大幅度降低 Re 的分配比。此外,第一原理的计算表明[35],添加 Ru 可降低 Re,Co,Cr 等元素富集于 γ 基体的分布趋势。但原子探针测定的结果表明[36,37],Ru 主要分布在 γ 基体,而对其他元素的分布行为无明显影响。Cui 等人认为[38],Ru 对元素 Cr,Mo,Co 的分配行为无影响,Ru 也无法抑制 TCP 相析出。而 Ru 对高 Cr 镍基单晶合金分配行为的影响表明[39],Ru 并无"逆向分配"效应,反而增大了 Re,Cr 在 γ、γ′两相的分配比,并促进了 TCP 相析出。以上研究表明,Ru 的"逆向分配"效应存在争议,或 Ru 的"逆向分配"效应并不适用于所有合金,这应归因于镍基单晶合金的成分比较复杂,各元素之间的交互作用还不明晰。

此外,Ru 改善合金组织稳定性的研究表明[40],Ru 可提高难熔元素在基体中的溶解度,降低 TCP 相的析出倾向。同时,Ru 也可降低难熔元素在基体 γ 相的过饱和度、增加了 TCP 相形核的弹性应变能[41],从而可抑制 TCP 相的析出。而 Hobbs 等人[42]认为,Ru 可以降低 TCP 相与基体 γ 相界面提供原子附着台阶的密度,以降低 TCP 相析出以及生长的驱动力,从而,可提高合金的组织稳定性。

蠕变性能是服役合金在服役阶段的最终考验,研究表明[43],加入 Ru 可提高单晶合金的中温和高温蠕变性能。分析认为,Ru 对改善合金蠕变性能的主要作用,是提高合金的组织稳定性和 γ 相的强度。在高温/低应力条件下,Ru 可抑制 TCP 相析出,从而提高合金的蠕变强度。但是在中温/高应力条件下,Ru 改善合金蠕变抗力的作用并不明显[44],其原因是 Ru 自身的强化作用并不明显。Ru 改善 TMS-75 合金蠕变性能的研究表明[45],添加 1.6%Ru 可使 γ、γ′两相错配度趋近于 0,使合金在高温低应力条件下的蠕变寿命降低,TEM 组织观察表明,这归因于 γ、γ′两相界面的位错网间距增大。3%Ru 合金经 1 100 ℃,150MPa 和 1 000 ℃,310MPa 的蠕变性能测试结果表明,添加 Ru 使合金的 γ/γ′两相错配度变得更负,蠕变期间使 γ、γ′两相界面的位错网间距减小,密度更大,蠕变寿命更长。同时,Ru 也可提高镍基单晶合金在 750 ℃,750MPa 的蠕变寿命[46],其中,Ru 可降低合金蠕变第一阶段的应变量是可提高蠕变寿命的主要原因。此外,Ru 可抑制合金中温蠕变期间位错在基体通道中的分解,抑制堆垛层错形核,从而提高合金蠕变性能,但 Ru 不能提高合金在 900℃ 的蠕变强度[47]。也有文献认为[48],Ru 可明显提高低 Re 含量合金的蠕变性能,但对高 Re 含量合金蠕变强度的影响并不明显。

2.3　电子空穴理论与相计算

高温合金结构件承受高温、应力和被介质腐蚀的作用。高温合金在使用过程中如果出现大量的片状拓扑密排相(TCP 相),往往造成力学性能的严重降低,威胁着航空发动机和燃气轮机等动力设备的安全使用。因此,近 40 多年来,从事高温合金研究的材料科学工作者广泛而深入地研究了拓扑密排相的行为。控制和避免拓扑密排相的生成一直是人们努力奋斗的目标。拓扑密堆相是由大小不同的原子适当配合,得到全部或主要是四面体间隙的复杂结构。其空间利用率及配位数均很高,由于具有拓扑学的特点,故称之为拓扑密堆相。拓扑密堆相的种类很多,已经发现的有 Laves 相、σ 相、μ 相等。一般都把它们看作是电子化合物,它们的化学键由电子空穴连接。人们通过多年的努力,已把电子空穴理论比较成功地应用于高温合金。国外甚至把某些合金对平均电子空穴数的要求,列入该合金的技术条件,作为合金质量必须达到的技术指标。下面简要介绍电子空穴理论与相计算。

2.3.1　电子空穴数

在元素周期表中,随着原子序数的增加,电子按一定规律充填在电子壳层中。从表 2.2 可以看出,第一长周期过渡族金属的 3d 层没有被电子填满。由于这些元素的 4s 状态的能级低于 3d,因此在 3d 层还未填满之前,4s 层就开始充填。另一特点是从 Cr 到 Ni,原子直径的变化很小,仅 3%,见表 2.3。

表 2.2　第一长周期元素的外层电子结构

元素	K	Ca	Se	Ti	V	Cr	Mn	Fe	Co	Ni	Cu	Zn	Ga
3d 电子数	0	0	1	2	3	5	5	6	7	8	10	10	10
4s 电子数	1	2	2	2	2	1	2	2	2	2	1	2	2
4p 电子数	0	0	0	0	0	0	0	0	0	0	0	0	1

表 2.3　过渡族元素的原子直径

元素	Cr	Mn	Fe	Co	Ni
原子直径/nm	0.257	—	0.254	0.250	0.249

早在 1938 年，Pauling 试图解释过渡族金属 Cr，Mn，Fe，Co，Ni 的磁性。由于这些元素具有上述两个特点，Pauling 推论每种自旋的 5 个 d 轨道可以分成 2.56 个成键轨道和 2.44 个非成键轨道。前一种轨道与 p 和 s 轨道杂化，产生金属键。Pauling 还假定，铬利用 5.78 个杂化电子形成金属键。从 Cr 的 3d 和 4s 轨道可以得到 6 个电子。除去形成金属键所需要的电子，还余下 0.22 个电子。这些电子即非成键电子，加到 3d 非成键轨道上，而 3d 的非成键轨道有 2.44 个。考虑电子自旋有两种相反的方向，这样非成键轨道共有 2×2.44＝4.88 个。因此，对于铬有 4.88−0.22＝4.66 个净空穴。

同样的假定适用于 Mn，Fe，Co，Ni。它们的非成键电子数将增加，分别为 1.22，2.22，3.22，4.22。相应的，它们的电子空穴数分别为 3.66，2.66，1.66，0.66。Pauling 提出了非成键轨道状态图，如图 2.1 所示。图中 N(E) 为电子密度。由图 2.1 可以看出，Ni 和 Co 的电子空穴被未成对的电子所匹配，而 Cr，Mn，Fe 所有的非成键电子都是未成对的。Pauling 认为，正是这些电子把它们的自旋平行排列，因而产生了铁磁性。

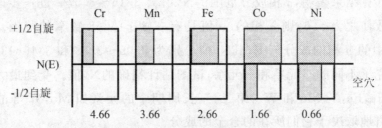

图 2.1　非成键 3d 轨道状态图

由于在绝对零度，磁矩应该等于未成对电子的平均数。Pauling 根据未成对电子数预示 Fe，Co，Ni 的磁矩分别为 2.22，1.66，0.66，实验测定的磁矩分别为 2.22，1.71，0.61，两者非常吻合。说明 Pauling 提出的电子空穴数得到了实验的证实。Cr，Mn，Fe，Co，Ni 以外的过渡元素，要定量地给出电子空穴数是很困难的。至今，人们的实践都假定在周期表的同一组内电子空穴数为一常数，例如 Mo，W 与 Cr 的电子空穴数一样，均为 4.66。而ⅢB，ⅣA，ⅤA 族中的合金元素，可以指定这些元素的 Nv＝10.66−GN，其中 GN 为该族元素的序数。

Kite 指出,尽管在居里点以上,热效应使电子空穴在正自旋和负自旋之间重新分配,导致净磁矩等于零。但是 3d 层电子空穴数仍然不变化。所以在进行电子空穴数计算时,可以不考虑温度的影响。由于 3d 电子空穴的存在,过渡族金属元素开始失去或部分地失去标准金属键的特点,其原子堆积不能近似地看成一般金属那样的硬球堆积,晶体结构变复杂。在第一长周期中,从钪到镍,过渡元素的晶体结构在 Mn(具有复杂的晶体结构)两边非常对称:FCC→HCP→BCC→复杂结构→ BCC→HCP→FCC。所有三个长的过渡族周期,在复杂结构左边的过渡元素,晶体结构都是完全相似的。而第二、第三长周期,在复杂结构右边的一半元素,出现复杂晶体结构。

2.3.2　电子空穴数与拓扑密排相

早在 1951 年,Rdou 等在研究了 Cr-Co-Ni,Cr-Co-Fe,Cr-Co-Mo,Cr-Ni-Mo 三元系 1 200℃的等温截面后,发现这四个三元系都有比较宽的 σ 相区。而 σ 相的成分范围与电子空穴数之间的确有定量关系。通过下述线性关系可计算单相合金的平均电子空穴数 $\overline{Nv}$:

$$\overline{Nv}=4.66(Cr+Mo)+3.66(Mn)+2.66(Fe)+1.71(Co)+0.61(Ni) \quad (2.1)$$

式中,括号内的元素符号表示相应元素的原子百分数,而系数表示元素的电子空穴数。计算结果表明,σ 相成分范围的 $\overline{Nv}$ 值为 3.16~3.57。进一步改变 Mo 的电子空穴数使之为 5.6,则 σ 相的 $\overline{Nv}$ 值具有 3.35~3.68 狭窄的范围。同样,Cr-Co-Mo 系中的 μ 相的成分范围,其 $\overline{Nv}$ 值分别为 3.05~3.28 和 3.46~3.64。以后许多人研究了不同的二元系和三元系,试图估计精确的 $\overline{Nv}$ 值。受到最大注意的元素是 Mn,Fe,Fe,V,Mo 和 W。第二、三长周期中的元素如 Mo,W 等的电子空穴数似乎严格地取决于它们所在的合金的成分。

2.3.3　电子空穴数与高温合金

由于实际高温合金成分非常复杂,往往生成各种化合物,如硼化物、碳化物和金属间化合物。这样,合金熔炼的化学成分不再能代表形成拓扑密排相的基体成分,二者之间有很大差别。要解决这一问题,可以根据合金的实际情况,进行一系列计算,扣除上述各相所消耗的元素,求出剩余基体的化学成分,就可以进行基体的平均电子空穴数计算。对复杂的高温合金用电子空穴理论进行计算,计算的公式为

$$\overline{\mathrm{Nv}} = \sum_{i=1}^{n} M_i (\mathrm{Nv})_i \tag{2.2}$$

其中，$\overline{\mathrm{Nv}}$ 为平均电子空位数；$(\mathrm{Nv})_i$ 为合金元素 i 的电子空位数；M_i 为合金元素 i 的摩尔百分数；n 为合金元素种类数。其中，各元素的 $\overline{\mathrm{Nv}}$ 值如表 2.4 所示。

对于镍基单晶合金而言，当 $\overline{\mathrm{Nv}}$ 值大于 2.3 时，有 TCP 相析出倾向。

表 2.4　相关元素的电子空位数（Nv）

状态	ⅥB	ⅦB	ⅧB		
一次长期时效	Cr　4.66	Mn　3.66	Fe　2.22	Co　1.71	Ni　0.61
二次长期时效	Mo　4.66	Ta　3.66	Ru　2.66	Rh　1.66	Pd　0.66
三次长期时效	W　4.66	Re　3.66	Os　2.66	Ir　1.66	Pt　0.66

由于这种计算比较复杂，一般都采用电子计算机。通常把这种方法叫作相计算。

2.4　新相计算法（Md 法）

Md 法主要考虑共价键结合强度 B_0 和合金元素 d 轨道能级（Md），平均电子能级法是通过计算合金中各元素 d 轨道的平均电子能级，来校核合金中 TCP 相的析出倾向。该算法综合考虑了原子半径、电负性因素对合金固溶度的影响。其计算公式为

$$\overline{\mathrm{Md}} = \sum_{i} X_i (\mathrm{Md})_i \tag{2.3}$$

$$\overline{B_0} = \sum_{i} X_i (B_0)_i \tag{2.4}$$

式中，X_i 为组元的摩尔分数；$(Md)_i$ 为各组元的 Md 值。不同合金元素具有不同的 Md 值，其中，各元素的 Md 值如表 2.5 所示。

表 2.5　单晶高温合金中各元素 Md 值

元素	Al	Ta	Cr	Co	Mo	W	Ru	Ni
Md/eV	1.900	2.224	1.142	0.777	1.550	1.655	1.006	0.717

由于结合次数 B_0 难以获得,故可采用简化的 Md 值法进行计算,即不考虑 B_0 对 TCP 相析出的影响。将表 2.2 中各元素 Md 值代入公式(2.3)中,求 $\overline{\mathrm{Md}}$ 值,当 $\overline{\mathrm{Md}} > 0.991$ 时,合金有 TCP 相析出倾向。

2.5 合金的熔炼

镍基合金具有耐高温、抗腐蚀等性能,必须保证合金具有合格的化学成分、纯净度及合适的组织结构,而合金的成分以及纯洁度取决于熔炼技术。因此,熔炼工艺是高温合金生产的关键环节。镍具有熔点高、吸气性强、收缩性大、导热性差等特点,且镍基合金的成分复杂,具有合金比高,含有大量钨、钼、铌、铬等高密度元素和易氧化元素铝、钛、硼、铈等特点,因此,镍基合金熔炼需采取一定的技术措施。镍基合金熔铸的特点是:熔炼温度高、收缩性大、导热性低,熔炼过程中熔体易与炉衬相互作用,吸收杂质和气体;铸造时易产生气孔、缩孔、夹渣等。镍基合金对杂质很敏感,半连续铸造时易于形成热裂。通常合金化程度低的高温合金多采用大气下电弧炉及感应炉熔炼,或经过大气下一次熔炼后再经电渣炉或真空电弧炉重熔。用镁砂做炉衬,在大气下熔炼时需用氧化精炼法进行脱硫、脱氧等工艺。在铸造过程中由于二次氧化生渣,流动性低而易于产生夹渣,具有收缩率大且导热性差等特点,故用半连铸法往往不易得到无中心裂纹的锭坯,而且较难加工,或出现层状断口。用铁模顶注时,锭头缩孔深而大,需用大冒口予以补缩。铁模浇注的扁锭较好加工,但收得率及成品率低。因此,镍基高温合金及精密合金现在都用真空感应电炉,或用真空感应炉加电渣炉重熔,可得到优质铸锭或铸件,可大幅度提高镍基合金的蠕变强度和持久性能,改善塑性和加工性能。合金化程度高的高温合金,则采用真空感应炉熔炼或真空感应炉熔炼后再经真空电弧炉或电渣炉重熔。在真空下,熔化的合金料可避免大气的氧化和污染,且合金料中 Pb,Bi,Sn 等有害元素因真空蒸发而减少,并且合金成分能准确控制。因而真空冶炼方法适用于镍基高温合金的生产,故目前真空冶炼已经成为现代高温合金生产的主要手段。国内外冶炼高温合金的设备有电弧炉、感应炉、真空感应炉、真空电弧炉和电渣炉,此外还有电子束炉和等离子电弧炉等。我国在 40 多年的生产实践中熔炼技术不断开拓和革新,从最初的大气下电弧炉熔炼发展到多次组合的熔炼工艺,并对熔炼技术进行了大量研究工作,为我国科技进步和国防建设做出了贡献。

2.5.1　真空感应炉及冶金反应

真空感应炉是真空熔炼的主要设备,熔炼温度、压力可以单独控制。通过电磁感应搅拌控制合金熔体的质量传输,使真空熔炼的合金成分(包括主要成分和各种杂质含量)得到精确控制,这在其他熔炼工艺中难以做到。工业用真空感应炉最早出现于 19 世纪 20 年代,当时主要用于高铬钢和电工软磁合金的生产。第二次世界大战期间,航空喷气发动机对高温合金材料的需要,以及高能真空泵的出现,使真空感应炉的生产得到飞速发展。1958 年容量为 1t 的真空感应炉投产,1961 年5t 容量的真空感应炉投产,现在容量为 60t 的真空感应炉已投入生产。我国自1956 年从国外引进小型真空感应炉以来,开始从事高温合金的试验和生产,至今国内的几个特殊钢厂已装备有 3~6t 的大型真空感应炉。与其他高温合金熔炼工艺相比较,真空感应炉熔炼具有如下特点:

(1)没有空气和炉渣的污染,冶炼的合金纯净。

(2)真空下冶炼,创造了良好的去气条件,熔炼的合金气体含量低。

(3)真空条件下金属不易氧化,可精确控制合金的化学成分,特别是可把含有与氧氮亲和力强的活性元素控制在很窄的范围内。

(4)原材料带入的低熔点有害杂质(如 P,Sn,Bi,Sb,As 等)在真空下可部分蒸发去除,通过提高纯度可以提高材料的性能。

(5)真空条件下碳具有很强的脱氧能力,其脱氧产物 CO 不断被抽出炉外,没有因采用金属脱氧剂所带来的脱氧产物。

(6)炉内的气氛及气压可选择控制,由于氧化损失少,合金元素利用效率高。

(7)感应搅拌使熔体成分均匀,可加速熔体表面的反应,缩短熔炼周期。

真空感应熔炼的主要冶金反应包括:脱氧、除气、杂质及组分的挥发,熔体-坩埚反应等。

(1)脱氧

真空熔炼中碳脱氧是最主要的脱氧反应,碳氧反应的生成物是气体,有利于脱氧反应的进行,而且在合金锭中不存在非金属夹杂脱氧产物。CO 脱氧过程分为两阶段:①沸腾期。CO 气泡在靠近熔池界面的坩埚壁上生核并形成气泡,穿过熔体造成沸腾。②脱附期。熔体中碳和氧的浓度不断下降,当熔体中生成的 CO 压力不足以形成气泡核心时,CO 只在熔池表面生成,并脱附进入气相。

(2)除气

氧、氮和氢是高温合金中主要气体杂质,真空熔炼主要目的之一就是去除这些气体。氧是活泼元素,可通过上述脱氧反应形成的化合物而被排除。这里除气主要是脱氮和脱氢。

(3)挥发

有害元素 As,Sb,Sn 等在高温合金中尽管含量很低,但会明显降低合金的性能。由于它们均具有较高的蒸气压,故有害元素可在真空熔炼中有效地挥发并去除。合金熔体中各组分的挥发与它的蒸气压、浓度、温度和炉内气压有关。

2.5.2　真空感应炉的熔炼工艺

1)冶炼前准备

(1)设备检查。开炉前应对设备做全面检查,炉体、电器、机械、冷却水、测温、真空、锭模等各系统均应正常,特别是真空系统,应对泵的状态、真空计和炉体的密封状况做认真检查。

(2)坩埚准备。坩埚耐火材料的质量和打结、烧结对冶炼合金含氧量有直接影响。由于普通焙烧的镁砂含 SO_2,A_2O_3 和 Fe_2O_3 等杂质较多,真空感应炉通常使用电熔镁砂或铝镁尖晶石打结、烧结后的坩埚,应待高真空洗炉后方能正式冶炼。

(3)原材料准备。真空冶炼的合金通常对夹杂、气体及有害元素含量要求严格,因此,真空熔炼高温合金均应采用高纯度金属或合金为原材料,特别是对低熔点有色金属杂质含量要求更加严格。

2)装料

与非真空感应炉冶炼相类似,不同合金料应按其熔点、易氧化程度、密度、加入数量及挥发情况放置在炉内不同部位,并选择合适的加入时间。对于蒸气压很高的元素(如 Mn,Mg),为保证其回收率,应在浇注前一定压力的氩气下加入;Al,Ti,Nb,Ce,Zr,B 等应在精炼期加入,而 Ni,Cr,Mo,Co,V,Fe 等均在熔炼前或熔炼过程中装入计算后的脱氧用碳块,可在装料时加入部分碳块,另一部分全熔后加入,既有利于碳沸脱氧,又易于控制最终碳量。但随炉料加入的碳应不与坩埚壁接触,也不应与铬块装在一起,以免对脱氧不利。

3)熔化

熔化期的主要任务是使炉料熔化、去气,去除低熔点有害杂质和非金属夹杂物,并使合金熔体的温度适当,使系统达到足够的真空度,为精炼创造条件。单室真空感应炉每次熔炼完毕,必须破真空,此时系统和坩埚会吸收大量气体,因此,再次开炉送电前,应将系统抽至较高真空度,以消除由于真空系统、坩埚表面和料吸收的残留气体对冶炼过程的影响。系统达到一定真空度后开始送电熔化,一般采用逐步提升功率、较慢熔化的工艺制度,缓慢熔化对减缓熔化期的沸腾、消除喷溅、提高脱气效果有利。在真空感应炉的熔化期炉料逐渐熔化,熔体的相对表面积很大,熔池深度较浅,故有利于去气,因此,绝大部分气体可在炉料熔化过程中被排除。在高真空下送电,随着送电功率不断增加,炉料升温熔化,炉内真空度不断降低,表明熔化期间有大量气体放出,直到炉料全熔后炉内真空度才得以迅速升高。因此,应结合真空能力,适当控制熔化期的送电功率。原则上讲,适当延长熔化期有利于气体的充分排除,若熔化速度过快,炉料熔清后仍继续释放出气体,真空度难以保证,而影响高温精炼效果。

4）精炼

精炼期的主要任务是继续完成脱氧、去气,去除挥发有害杂质及纯净合金,调整合金成分,并使之均匀化。精炼期的精炼温度、保持时间和真空度是真空感应熔炼中三个重要工艺参数,提高真空度有利于碳氧反应、减少金属熔体的氧化,有利于气体和非金属夹杂的排除,以及有害杂质的挥发去除。精炼温度高和保持时间长可保证碳氧反应完全,但温度过高或时间延长会加剧坩埚的供氧反应,使合金熔体中氧含量升高。与脱氧反应不同,熔体脱氮是单纯的真空挥发效应,因此熔炼温度愈高,保持时间愈长,合金熔体中氮含量愈低。解决真空下脱氧和脱氮的矛盾,以获得氮、氧含量都低的合金,必须根据具体合金的要求,合理控制精炼期温度、时间和真空度三个重要参数。

5）合金化

在合金熔体脱氧、脱氮良好的情况下,可以进行合金化操作,由于加入的合金元素都与氧、氮有很大的亲和力,合金元素的先后加入顺序应根据金属与氧亲和力大小和易挥发的程度而定。Al,Ti 在合金化的同时会发生脱氧反应,可放出大量的热量,使熔体温度提高,因此,以较低温度加入 Al,Ti 为宜;同时,较低温度加入这些元素有利于钢液的进一步脱氧。B,Ce,Zr 一般在出钢前加入。由于 Mn,Mg 的蒸气压高,高真空加入会使其挥发和损失量增加,因此,应在出钢前一定压力的氩气气氛保护下加入。

6）浇注

熔炼好的合金在真空或氩气气氛下进行浇注,可以直接浇注成钢锭或浇注成重熔电极棒。浇注温度及浇注速度应随钢种和锭型而异,浇注时应以中等功率继续供电,将氧化膜推向坩埚后壁,而不至于混入锭中。浇注时均采用中间漏斗,中间漏斗内放有挡渣坝,以阻止氧化物进入锭模中。近年来为了进一步纯净钢液,国内外多采用陶过滤器对熔体进行过滤。

2.6 镍基合金的定向凝固

2.6.1 定向凝固炉

定向凝固炉是在真空感应熔炼基础上附加定向结晶器组成,如图 2.2 所示。炉料由真空感应炉熔化,熔毕立即注入具有定向凝固功能的型壳或结晶器内,使铸件沿固定取向凝固和结晶。在型壳中建立特定方向的温度梯度,使合金熔体沿着与热流相反方向定向结晶的一种铸造工艺,称为定向凝固。

自 1965 年美国普拉特·惠特尼航空公司采用高温合金定向凝固技术以来,定向凝固已经在许多国家得到应用。采用定向凝固技术可以生产具有优良的抗热冲击性能、较长的疲劳寿命、较好的蠕变抗力和中温塑性的薄壁空心涡轮叶片,应用这种技术可大幅度提高涡轮叶片的使用温度,从而提高航空发动机的推力和可靠性。

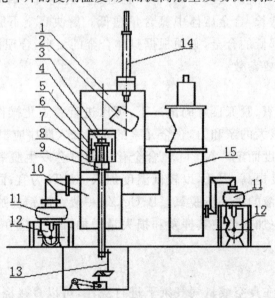

图 2.2 真空定向凝固炉结构示意图
1.熔炉,2.坩埚,3.浇注杯,4.型壳,5.炉体上段,6.热电偶,7.隔热板,
8.炉体下段,9.水冷环,10.铸造成型室,11.真空泵,12.机械泵,
13.牵引装置,14.加料装置,15.扩散泵

2.6.2　定向凝固原理

铸件选取定向凝固需要两个条件:(1)热流向单一方向流动,并与生长中的固-液界面垂直;(2)晶体生长前方的熔液中无稳定的结晶核心。为此,工艺上必须采取措施避免侧向散热,同时在近固-液界面的熔液中需要形成较大的温度梯度。这是保证定向凝固柱晶和单晶生长、取向正确的基本要素。以提高合金的温度梯度为出发点,定向凝固技术可采用功率降低法、快速凝固法和液态金属冷却法控制晶体生长。根据成分过冷理论,要实现定向凝固,必须满足固-液界面前方无过冷的要求。因此,需要采取如下措施:

(1)严格的单向散热。为使凝固条件始终处于柱状晶生长方向的正温度梯度作用之下,要绝对阻止侧向散热,以避免界面前方型壁及其附近的生核和长大。

(2)避免熔体内形核。要减小熔体的非均质生核能力,以避免界面前方的生核现象,即要提高熔体的纯净度。

(3)防止晶粒游离。要避免液态金属的对流、搅动和振动,以阻止界面前方的晶粒游离;对晶粒密度大于液态金属的合金,避免自然对流的最好方法就是自下而上地进行单向结晶。

一般来讲,可用成分过冷理论判断界面的稳定性,但该理论没有考虑:(1)固-液界面引入局部曲率改变时的系统自由能变化;(2)没有说明界面形态改变的机制等问题。在凝固研究领域,还提出了许多新的理论,如绝对稳定理论(又称 MS 理论)对定向凝固、快速凝固等凝固新技术方面的理论问题有较好的描述。

2.6.3　定向凝固工艺

定向凝固工艺根据成分过冷理论,定向凝固合金要获得平面凝固组织主要取决于合金的性质和工艺参数的选择。前者包括溶质质量、液相线斜率和溶质在液相中的扩散参数;后者包括温度梯度、凝固速度。在合金成分确定的前提下,可依靠工艺参数的选择来控制凝固组织,其中,固-液界面液相侧的温度梯度至关重要,因此,通过控制温度梯度可高温铸型达到调整凝固组织的目的。可以说,定向凝固技术的发展历史是不断提高设备温度梯度的历史。大的温度梯度一方面可以得到理想的合金组织和性能;另一方面又可以允许加快凝固速度,提高设备的产出率。

2.6.4　定向凝固技术的应用

定向凝固技术常用于制备柱状晶和单晶合金,如定向凝固镍基合金和镍基单晶合金。合金在定向凝固过程中由于晶粒的竞争生长形成了平行于抽拉方向的结构,最初产生的晶体的取向呈任意分布,其中,取向平行于凝固方向的晶体凝固较快,而其他取向的晶体在凝固期间逐渐消失,因此,存在一个凝固的初始阶段,在这个阶段柱状晶密度大,随着晶体的生长,柱状晶密度趋于稳定。故任何定向凝固铸件都有必要设置可以切去的结晶起始区,以便在零件本体开始凝固前就建立起所需的晶体取向结构。若在铸型中底部设置一段缩颈过道(晶粒选择器),在铸件上部选择一个单晶图体,就可以制取单晶零件,如涡轮叶片等。

A 柱状晶的生长

柱状晶包括柱状树枝晶和胞状柱状晶。通常采用定向凝固工艺,使晶体有控制地向着与热流方向相反的方向生长,减少偏析、疏松等,形成取向平行于主应力轴的晶粒。因此,可基本消除垂直于应力轴的横向晶界,大幅度改善合金的高温强度、蠕变和热疲劳性能。获得定向凝固柱状晶的基本条件是:(1)合金凝固时热流方向必须定向;(2)在固-液界面前沿应有足够高的温度梯度;(3)避免在凝固界面的前沿出现成分过冷或外来核心,使柱状晶横向生长受到限制;另外,还应该保证定向散热,绝对避免侧面型壁生核长大,长出横向新晶体。因此,要尽量抑制液态合金的形核能力,其中,提高液态合金的纯洁度,减少氧化、吸气所形成的杂质污染是抑制形核能力的有效措施;另外,还可以通过添加适当的元素或添加剂使形核剂失效。$\frac{GL}{R}$值决定合金凝固组织的形貌,$\frac{GL}{R}$值还影响各组成相的相对尺寸。由于 GL 在很大程度上受到设备条件的限制,因此,凝固速率 R 就成为控制柱状晶组织的主要参数。

B 单晶生长

选晶法和籽晶法是采用定向凝固技术制备单晶合金的常用方法。单晶在生长过程中要绝对避免固-热界面不稳定而长出胞状晶或柱状晶,因而,固一液界面前沿不允许有温度过冷和成分过冷。固-液界面前沿的熔体应处于过热状态,结晶过程的潜热只能通过生长的晶体导出。定向凝固满足上述热传输的要求,只需恰当地控制固-液界面前沿熔体的温度和晶体生长速率,就可以获得高质量的单晶铸件。为了得到高质量的单晶体,首先要在金属熔体中形成一个单晶核,而后在晶核和熔体界面处不断生长出单晶体。20 世纪 60 年代初,美国普惠公司用定向凝固高温合金制造出航空发动机的单晶涡轮叶片,与定向柱状晶相比,在使用温度、抗热疲劳强度、蠕变强度和抗热腐蚀性等方面都具有更为良好的性能。单晶体生长于液相中,按其成分和晶体特征可以分为三种:

(1)晶体和熔体成分相同。纯元素和化合物属于这一种。

(2)晶体和熔体成分不同。为了改善单晶材料的电学性质,通常要在单晶中掺入一定含量的杂质,使这类材料变为二元或多元系。这类材料要得到成分均匀的单晶体困难较大,在固-液界面上会出现溶质再分配。因此,熔体中溶质的扩散和对流对晶体中杂质的分布有重要作用。

(3)有第二相或出现共晶的晶体。高温合金的铸造单晶组织不仅含有大量基体相和沉淀析出的强化相,还有共晶组织析出于枝晶之间。整个零件由一个晶粒组成,晶粒内有若干柱状枝晶,枝晶是"十"字形花瓣状,枝晶干均匀,二次枝晶干互相平行,具有相同的取向。纵截面上是互相平行排列的次枝晶干,这些枝晶干同属一个晶体,不存在晶界。严格地说,这是一种"准单晶"组织,不同于晶体学上严格的单晶体。由于采用定向凝固技术制备单晶体,故凝固过程中会产生成分偏析、显微疏松及柱状晶间的小角度取向差(2°～3°)等,这些都会不同程度地损害晶体的完整性,但是单晶体内的缺陷比多晶及柱状晶界对力学性能的影响要小得多。

参考文献

[1]刘丽荣.一种镍基单晶高温合金微观组织及持久性能的研究[D].沈阳:中国科学院,2004.

[2]Zhu M,Li M,Zhou Y. Oxidation resistance of Cr1-xAlxN ($0.18 \leqslant x \leqslant 0.47$) coatings on K38G superalloy at $1\,000 \sim 1\,100°C$ in air [J]. Surface and Coatings Technology,2006,201(6):2878-2886.

[3]Zhang Z,Yue Z. TCP phases growth and crack initiation and propagation in nickel-based single crystal superalloys containing Re[J]. Journal of Alloys and Compounds,2018,746(25):84-92.

[4]Wang X,Li J,Liu S,et al. Microstructural Evolution of an Experimental Third Generation Single Crystal Superalloy after Long-term Thermal Exposure at 1100°C[J]. Rare Metal Materials and Engineering,2017,46(3):646-650.

[5]王攀,万仲华,付猛. 微量元素 Al 及热处理工艺对 GH3030 高温合金性能的影响[J]. 热处理,2007,22(5):43-46.

[6]孙跃军,康俊国,宫声凯. Al,Ti,Ta 对镍基单晶高温合金组织和性能的影响[J]. 特种铸造及有色金属,2008,28(9):660-662.

[7]Ou M,Ma Y,Ge H,et al. Microstructure evolution and mechanical properties of a new cast Ni-base superalloy with various Ti contents[J]. Journal of Al-

loys and Compounds,2017,735.

[8]Das N. Advances in nickel-based cast superalloys[J]. Transactions of the Indian Institute of Metals,2010,63(2): 265-274.

[9]刘维维,李影,刘世忠,等.[011]取向 DD6 单晶高温合金薄壁持久性能[J].材料工程,2011,(8):24-27.

[10]魏朋义,钟振刚,桂钟楼,等.合金成分对含铼镍基单晶合金高温持久及断裂性能的影响[J].材料工程,1999,(4):3-6.

[11]Latief F H,Kakehi K. Effects of Re content and crystallographic orientation on creep behavior of aluminized Ni-base single crystal superalloys[J]. Materials and Design,2013,49: 485-492.

[12]Wang G L,Liu J L,Liu J D,et al. Temperature dependence of tensile behavior and deformation microstructure of a Re-containing Ni-base single crystal superalloy[J]. Materials and Design,2017.

[13]Liao J H,Bor H Y,Chao C G,et al. Effects of rhenium on microstructure and phase stability of MAR-M247 Ni-base fine-grain superalloy[J]. Materials Transactions Jim,2010,51(4): 810-817.

[14]Giamei A F, Anton D L. Rhenium additions to a Ni-base superalloy: Effects on microstructure[J]. Metallurgical Transactions A, 1985, 16 (11): 1997-2005.

[15]Reed R C,Yeh A C,Tin S,et al. Identification of the partitioning characteristics of ruthenium in single crystal superalloys using atom probe tomography [J]. Scripta Materialia,2004,51(4): 327-331.

[16]Liu S,Liu C,Ge L,et al. Effect of interactions between elements on the diffusion of solutes in Ni-X-Y systems and γ'-coarsening in model Ni-based superalloys[J]. Scripta Materialia,2017,138: 100-104.

[17]Zhang X,Deng H,Xiao S,et al. Diffusion of Co,Ru and Re in Ni-based superalloys: A first-principles study[J]. Journal of Alloys and Compounds,2014, 588(3): 163-169.

[18]Yang X,Hu W. The alloying element dependence of the local lattice deformation and the elastic properties of Ni3Al: A molecular dynamics simulation [J]. Journal of Applied Physics,2014,115(15): 1679.

[19]舒德龙,田素贵,吴静,等.热处理对 4.5%Re 单晶镍基合金高温蠕变行

为的影响[J]. 中国有色金属学报,2015,25(6):1480-1489.

[20]Rüsing J,Wanderka N,Czubayko U,et al. Rhenium distribution in the matrix and near the particle – matrix interface in a model Ni-Al-Ta-Re superalloy[J]. Scripta Materialia,2002,46(3): 235-240.

[21]Mottura A,Finnis M W,Reed R C. On the possibility of rhenium clustering in nickel-based superalloys[J]. Acta Materialia,2012,60(6-7):2866-2872.

[22]Mottura A,Warnken N,Miller M K,et al. Atom probe tomography analysis of the distribution of rhenium in nickel alloys[J]. Acta Materialia,2010,58(3): 931-942.

[23]Mottura A,Wu R T,Finnis M W,et al. A critique of rhenium clustering in Ni – Re alloys using extended X-ray absorption spectroscopy[J]. Acta Materialia,2008,56(11): 2669-2675.

[24]Feng Q,Carroll L J,Pollock T M. Solidification segregation in ruthenium-containing nickel-base superalloys[J]. Matallurgical and Materials Transactions A,2006(37A): 1949-1962.

[25]Feng Q,Nandy T K,Tin S. Solidification of High-refractory ruthenium-containing superalloys[J]. Acta Materialia,2003,51: 269-284.

[26]Heckl A,Rettig R,Singer R F. Solidification characteristics and segregation behavior of nickel-base superalloys in dependence on different rhenium and ruthenium contents[J]. Matallurgical and Materials Transactions A,2010(41A): 202-211.

[27]Liu G,Liu L,Zhao X B,et al. Effects of Re and Ru on the solidification characteristics of nickel-base single-crystal superalloys[J]. Matallurgical and Materials Transactions A,2011 (42A): 2733-2741.

[28]Liu E Z,Guan X R. Effect of Ru on corrosion resistance of high Cr content superalloy[J]. Materials and Corrosion,2016,67(12):1269-1273.

[29]Neumeier S,Ang J,Hobbs R A,et al. Lattice misfit of high refractory ruthenium containing nickel-base superalloys[J]. Advanced Materials Research. 2011 (278): 60-65.

[30]Pyczak F,Neumeier S,Goken M. Influence of lattice misfit on the internal stress and strain states before and after creep investigated in nickel-base superalloys containing rhenium and ruthenium[J]. Materials Science and Engineer-

ing A,2009 (510-511)：295-300.

[31]Tan X P,Liu J L,Jin T,et al. Effect of ruthenium on high-temperature creep rupture life of a single crystal nicker-base superalloy[J]. Materials Science and Engineering A,2011 (528)：8381-8388.

[32]刘心刚. Mo 和 Ru 在镍基单晶高温合金中的作用[D]. 沈阳：中国科学院金属研究所,2013.

[33]O'Hara K S,Walston W S,Ross E. W,et al. Nickel-base superalloy has improvsd combination of stress-rupture life microstructural stability[J]. U. S. Patent ：5482789. 1996.

[34]Ofori A P,Humphreys C J,Tin S,et al. A TEM study of the effect of platinum group metals in advanced single ctystal nickel-base supperalloys[J]. Supperalloys 2004. Warrendale,PA：TMS,2004,787-794.

[35]Wang Y J,Wang C Y. A first-principles survey of the partitoning behaviors of alloying elements on γ/γ' interface[J]. Journal of Applied Physics,2008,104(1)：1007-1011.

[36]Reed R C,Yeh A C,Tin S,et al. Indentification of the partitioning characteristics of ruthenium in single crystal superalloys using atom probe tomography[J]. Scripta Materialia,2004(51)：327-331.

[37]Tin S,Yeh A C,Ofori A P,et al. Atomic partitioning characterristics of ruthenium in Ni-based superalloys[J]. Superalloys 2004. Warrendale,PA：TMS,2004：735-741.

[38]Cui C Y,Gu Y F,Ping D H,et al. Effects of Ru additions on the microstructure and phase stability of Ni-base superalloy,UDIMET 720LI[J]. Metallurgical and Materials Transactions A,2006(37A)：355-360.

[39]Chen J Y,Feng Q,Sun Z Q. Topologically close-packed phase promotion in a Ru-containing single crystal superalloy[J]. Scripta Materialia,2010(63)：795-798.

[40]Sato A,Harada H,Yokokawa T,et al. The effects of ruthenium on the phase stability of fourth generation Ni-base single crystal supperalloys[J]. Scripta Materialia,2006(54)：1679-1684.

[41]Tan X P,Liu J L,Jin T,et al. Effect of ruthenium on precipitation behavior of the topologically close-packed phase in a single-crystal Ni-base superal-

loy duting high-temperature exposure[J]. Metallurgical and Materials Transactions A,2012(43)：6563-6573.

[42]Hobbs R A,Zhang L,Rae C M F,et al. Mechanisms of topologically close-packed phase suppression in an experimental ruthenium-bearing single-crystal nickel-base supperalloy at 1100℃ [J]. Metallurgical and Materials Transactions A,2008(39A)：1014-1025.

[43]Hobbs R A,Zhang L,Rae C M F,et al. The effect of ruthenium in the intermediate to high temperature creep tesponse of high refractory content single ctystal nickel-base supperalloys[J]. Metallurgical and Materials Transactions A,2008 (489)：65-76.

[44]Yeh A C,Rae C M F,Tin S. High temperature creep of Ru-bearing Ni-base single ctystal superalloys[J]. Supperalloys 2004. Warrendale,PA：TMS,2004,677-685.

[45]Zhang J X,Murakumo T,Koizumi Y,et al. Interfacial dislocation networks strengthening a fourth-generattion single-crystal TMS-138 supperalloy [J]. Metallurgical and Materials Transactions A,2002(33A)：3741-3746.

[46]Tsuno N,Kakehi K,Rae C M F,et al. Effect of ruthenium on creep strength of Ni-base single-ctystal superalloys at 750℃ and 750MPa[J]. Metallurgical and Materials Transactions A,2009(40A)：269-272.

[47]Shimabayshi S,Kakehi K. Effect of ruthenium on compressive creep of Ni-based single-crystal superalloy[J]. Scripta Materialia,2010(63)：909-912.

[48]Heckl A,Neumeier S,Goken M,et al. The effect of Re and Ru on γ/γ' mictostructure,γ-solid solution strengthening and creep strength in nickel-base superalloys [J]. Metallurgical and Materials Transactions A, 2011 (528)：3435-3444.

第3章 镍基单晶合金的组织及影响因素

3.1 镍基单晶高温合金的相组成

镍基单晶合金虽然由多种元素组成,但是其相组成相对简单,主要由 γ 和 γ′ 两相组成,其中,γ′相以共格方式镶嵌在 γ 相基体中,二者均为面心立方体结构,同时一些其他相可在高温服役过程中析出,这是镍基单晶合金的典型特点,其结构示意图如图 3.1 所示[1]。

3.1.1　γ 相

γ 相是镍基单晶合金的基体相,是具有立方体结构的奥氏体相,有较高溶解度,可溶解较多固溶强化元素,如:Co,Mo,Cr,W 等,这些元素起到了强烈的固溶强化作用,这是合金具有良好高温强度的重要原因。同时由于 Ni 的第 3 电子层基本饱和,合金化时容量大,相的稳定性高,所以合金可以在较为苛刻的环境下工作[2]。

3.1.2　γ′相

γ′相是镍基单晶合金中重要的强化相,具有面心立方体结构,是以 Ni_3Al 为基体的金属间化合物。由于 γ 相和 γ′ 相的原子结构以及点阵常数基本相同,所以通常情况下,γ′相以共格方式镶嵌在 γ 基体中。γ′相晶体结构如图 3.1(c)所示,其中 Ni 原子位于晶面中心位置,Al 原子位于晶体顶点位置,多种元素可与 Ni,Al 发生置换反应,Co 元素可置换 Ni 元素,Ti,Ta,Nb 元素可置换 Al 元素,而 Cr 元素均可与以上两元素发生置换反应[3,4]。

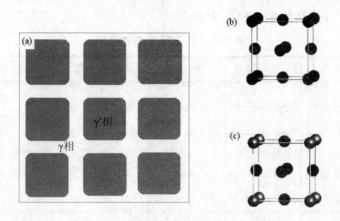

图 3.1　典型镍基单晶合金的微观结构

3.1.3　碳化物相

由于 C 元素是晶界强化元素,故早期高温合金(包括定向凝固镍基高温合金),均含有一定量的 C 元素,但是由于镍基单晶合金彻底消除了晶界,所以早期设计的镍基单晶合金基本不含 C 元素。但是随着镍基单晶合金的不断发展,C 元素的加入由"完全去除"变为"限量使用"[5]。合金在凝固过程中会生成初生碳化物,在之后的热处理及高温服役时,会生成次生碳化物。碳化物的形式有:$M_{23}C_6$,M_6C,M_7C_3,其中 M 是金属元素。碳化物的存在会降低合金的初熔温度,同时也降低合金的高温蠕变性能,但是碳化物还有其比较复杂的作用。特别是合金中加入碳可以净化合金液,可以一定程度地提高抗腐蚀性能,同时也可以减少合金针孔的含量[6,7]。

3.1.4　TCP 相

随着航空航天工业的不断发展,对高温合金性能的要求也日益苛刻,合金中 Mo,W,Ta 等难熔元素由于可以提高合金的高温强度,故人们在合金设计中加入了更多含量的难熔元素,尤其是第二代、第三代镍基单晶高温合金,还分别加入了 3%和 5%~6%的难熔元素 Re,这就更促使了合金在高温服役过程中 TCP 相的析出[8],TCP 相是一种有害相。TCP 相中通常含有 Ni,Cr,Mo,W,Re 等元素,而这些元素普遍起到固溶强化作用,所以 TCP 相的析出,会影响元素的固溶强化效果[9]。同时,TCP 相往往是裂纹和孔洞的发源地,孔洞的萌生、裂纹的扩展是合金断裂失效的主要表现形式,会导致严重后果。主要常见的 TCP 相有 σ 相、μ 相、P

相、R 相等[10,11]，其晶体学结构见表 3.1[12]。

表 3.1 TCP 相的晶体结构

TCP 相	晶系	空间群	空间群号	单胞原子数	晶格常数	$\alpha/(°)$
σ	四方晶系	P4₂/mnm	136	30	$a=0.912$ $b=c=0.472$	90
P	斜方晶系	Pbnm	62	56	$a=1.690$ $b=0.471$ $c=0.904$	90
μ	菱方晶系	R3m(H)	166	13	$a=0.473$ $b=c=2.554$	120
R	菱方晶系	R=3	148	53	$a=1.093$ $b=c=1.934$	120

为避免 TCP 相析出，人们往往采用"电子空位法"和"平均电子能级法"进行合金成分设计。研究表明，Ru 元素是唯一可抑制高温合金 TCP 相析出的金属元素，在 6％Re 的基础上加入元素 Ru 是第 5 代、第 6 代镍基单晶合金的重要标志性成分特征之一[13]。

3.2　镍基单晶高温合金的热处理

铸态合金的组织存在严重的枝晶偏析，其中 Al，Ni 和 Cr 等低熔点元素，由于凝固较晚，所以在枝晶间富集，并在枝晶间形成的 γ' 相比较粗大。由于 W，Mo，Re 等难熔元素熔点较高，凝固较早，故主要富集于枝晶干区域，同时，铸态合金中存在大量的共晶组织。由于 γ' 相是合金的主要强化相，因此 γ' 相的尺寸、形貌、数量等因素都对合金的性能起决定性作用[14]。通过热处理可以有效降低合金中各元素在枝晶间/枝晶干的偏析程度、消除共晶组织，所以合理的热处理制度对合金性能的提高有着至关重要的作用。

对于第一代单晶镍基合金而言，其热处理制度相对简单，仅通过单一固溶处理即可获得均匀分布的微观组织。在固溶处理时,一般将合金加热到 γ' 相和共晶组织的熔点之上,同时将温度控制在合金初熔温度以下,二者温度之差称为热处理的窗口温度,热处理窗口温度取决于合金的成分[15]。第二代、第三代合金中加入了更多的合金元素,其在热处理过程中,仅进行一步固溶处理无法完全消除共晶组织,此时需要采用多步固溶处理,首先将进行低温固溶处理,使合金中元素均匀分布,从而提高合金的初熔温度,之后再进行高温固溶处理,从而消除共晶组织。Erickson 在对 MSX-10 合金进行热处理制度研究中,对合金进行了多步固溶处理,时间长达 35h,最高固溶温度达到 1 366℃。在对 CMSX-10 和 Rene N6 合金的研究中发现,在凝固过程中,Re,W 等难熔元素主要偏析于枝晶干,通过较长时间的固溶处理可促进元素的均匀分布,从而提高合金的组织稳定性。但是,部分研究表明,长时间的固溶处理并不能提高合金的持久性能,其中 CMSX-2 在工业生产中,经 1 315℃固溶处理延长 4h,对蠕变寿命无明显提高。同时,法国宇航局的研究表明,完全无偏析的合金中温性能较差[16,17]。

表 3.2　典型镍基单晶合金的热处理制度

合金型号	热处理系统
454	1 288℃,4h,AC+1 079℃,4h,AC+871℃,32h,AC
CMSX-2	1 316℃,3h+1 050℃,16h,AC+850℃,48h,AC
CMSX-3	1 293℃,2h,AC+1 298℃,3h,AC+1 080℃,4h,AC+871℃,20h,AC
CMSX-4G	1 290℃,2h,AC+1 305℃,3h,AC+1 140℃,4h,AC+870℃,20h,AC
CMSX-6	1 240℃,3h,AC+1 270℃,3h,AC+1 277℃,3h,AC+1 080℃,4h,AC+870℃,20h,AC
PWA1480	1 288℃,4h,AC+1 080℃,4h,AC+871℃,32h,AC
DD8	1240℃/4h,AC+1320℃/8h,AC+1090℃/3h,AC+870℃/24h,AC
SC180	1324℃/3h,AC+1080℃/4h,AC+870℃/24h,AC

合金经固溶处理后一般还需要进行两次时效处理,时效处理的目的主要是改变 γ' 相尺寸,使 γ' 相再次长大并提高其立方度。γ' 相的尺寸和形貌对合金的蠕变性能有重要影响。P. Caron 等人[18]在对 CMSX-2 合金的研究中表明,通过调整合理的时效处理制度,可以使合金 γ' 相排列得更为规则,并获得尺寸为 $0.45\mu m$ 的高立方度 γ' 相,使合金拥有最好的蠕变性能。在对 CMSX-10 合金进行三步时效处

理后,在 γ 基体中发现了 50nm 左右的细小 γ′相,对其进行蠕变性能测试中发现,这种细小 γ′相有利于提高合金的中温蠕变性能,但是对合金的高温蠕变性能无明显影响。Nathal 等人[19]的研究表明,随 γ 相尺寸及合金 γ/γ′两相错配度变化,对合金的蠕变强度有不同的影响。各种典型镍基单晶合金的热处理制度示于表 3.2。

错配度和 γ′相尺寸与合金蠕变性能之间的关系,如图 3.2 所示。日本石川岛播磨重工业模式公社在研究中发现,γ′相的最佳尺寸还与单晶的取向有关,0.5μm 的 γ′相使[001]取向的单晶合金获得最高的中温蠕变强度,而[111]取向单晶合金的蠕变强度在 γ′相尺寸为 0.2μm 时最大。

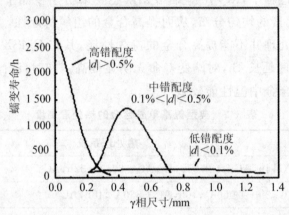

图 3.2　错配度和 γ′相尺寸与合金蠕变性能之间的关系

3.3　抽拉速率对合金组织的影响

作者设计一种 6％Mo-4％W 合金以研究抽拉速率对合金组织的影响。母合金选用抽拉速率分别为 0.06mm/s,0.07mm/s 和 0.08mm/s 的合金,制备出三种合金,分别定义为合金 1、合金 2 和合金 3。将三种铸态合金分别置于光学显微镜下观察其组织形貌,其枝晶形貌,如图 3.3 所示。其中图 3.3(a)为合金 1,图 3.3(b)为合金 2,图 3.3(c)为合金 3,图中白色箭头方向分别为[100]和[010]取向,垂直于纸面方向为[001]取向。

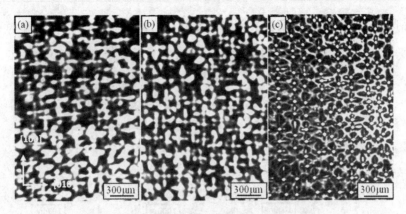

图 3.3 不同抽拉速率制备合金的枝晶形貌

(a) 合金 1 (b)合金 2 (c)合金 3

组织观察表明,在合金的(001)晶面,其组织结构均呈现典型的枝晶形貌,枝晶结构规则排列,在(001)晶面枝晶干呈现明显的"+"字花样。比较三种合金的区别,合金 3 的枝晶结构排列更规则,合金 2 次之,合金 1 的枝晶结构相对混乱。同时,三种合金具有不同的枝晶间距。通过公式(3.1)可计算合金的一次枝晶间距。

$$\lambda_1 = \frac{1}{M}(\frac{A}{N})^{1/2} \tag{3.1}$$

式中,M 为放大倍数;A 为选取试样横截面的总面积;N 为横截面的枝晶数目。计算得出,合金 1 的一次枝晶间距为 $298\sim354\mu m$,合金 2 的一次枝晶间距为 $279\sim326\mu m$,合金 3 的一次枝晶间距为 $255\sim281\mu m$。通过公式(3.2)可计算出合金的二次枝晶间距。二次枝晶间距 λ_2 是通过测量枝晶排列的数目来计算的。

$$\lambda_2 = \frac{L}{n-1} \tag{3.2}$$

式中,L 为选取区域的测量长度;n 是二次枝晶数目。计算得出,合金 1 的二次枝晶间距为 $110\sim129\mu m$,合金 2 的二次枝晶间距为 $106\sim117\mu m$,合金 3 的二次枝晶间距为 $98\sim108\mu m$。

以上结果表明,抽拉速率对铸态合金的枝晶形貌有重要影响,采用 0.08mm/s 抽拉速率所制备的合金,其枝晶结构更加规则,一次枝晶间距和二次枝晶间距更小。

采用电子探针观察合金在(001)横断面的组织形貌及采用 SEM/EDS 成分分析测定元素在枝晶干/间的浓度分布,利用 EPMA 技术测定元素在枝晶间/枝晶干区域的元素分布,研究抽拉速率对铸态合金成分偏析的影响。铸态合金 1 在枝晶干/间的元素分布,如图 3.4 所示。可以看出,元素 Al,Co,W 主要偏析于枝晶干区域,而元素 Mo,Ta,Cr 主要偏析于枝晶间区域。合金 2、合金 3 与合金 1 中各元素于枝晶间/枝晶干的偏析情况相近,故文中只给出合金1的元素分布特征。

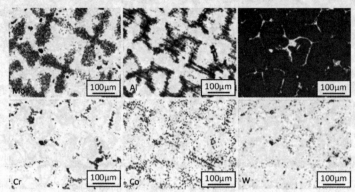

图 3.4　铸态合金 1 中元素在(001)面枝晶干/间区域的浓度分布

采用电子探针微量分析(EPMA)测得三种合金枝晶间和枝晶干区域的各元素含量,利用公式(3.3)计算各元素的偏析系数,结果示于表 3.3。其中,偏析系数为正,表示元素偏析于枝晶间,偏析系数为负,则表示元素偏析于枝晶干。

表 3.3　铸态合金中元素的分布(质量分数,%)及偏析系数

合金	区域	Al	Ta	W	Cr	Mo	Co
合金 1	枝晶间	4.22	8.50	2.69	4.41	6.82	3.62
	枝晶干	6.58	5.82	5.13	3.87	5.39	4.18
	偏析系数,$K\%$	−35.9	46.0	−47.6	14.0	26.5	−13.4
合金 2	枝晶间	4.76	8.39	2.97	4.21	6.72	3.75
	枝晶干	6.21	6.04	5.01	3.95	5.48	4.11
	偏析系数,$K\%$	−23.3	38.9	−40.7	6.6	22.6	−8.8
合金 3	枝晶间	4.81	8.21	3.01	4.20	6.64	3.79
	枝晶干	6.13	6.15	4.89	3.94	5.55	4.02
	偏析系数,$K\%$	−21.5	33.5	−38.4	7.3	19.6	−5.7

$$偏析系数,K\% = \frac{枝晶间元素含量 - 枝晶干元素含量}{枝晶干元素含量} \times 100\% \qquad (3.3)$$

由此可以看到,合金 3 中各元素在枝晶间/枝晶干的偏析程度最小。其中,Ta 为合金中的最大正偏析元素,Ta 在合金 1 中的偏析系数为 46.0%,在合金 2 的偏析系数为 38.9%,在合金 3 的偏析系数为 33.5%;W 为合金中的最大负偏析元素,W 在合金 1 的偏析系数为 −47.6%,在合金 2 的偏析系数为 −40.7%,在合金 3 的偏析系数为 −38.4%。

综上所述,随抽拉速率的提高,合金中各元素于枝晶间/枝晶干区域的成分偏析程度减小。当抽拉速率由 0.06mm/s 提高至 0.07mm/s,成分偏析降低幅度较大,当抽拉速率由 0.07mm/s 增大至 0.08mm/s,成分偏析降低幅度减小。

3.4　浇铸温度对合金组织的影响

为研究浇铸温度对合金组织形貌的影响,选定制备合金的抽拉速率为 0.08mm/s,浇铸温度分别为 1 450℃,1 500℃和 1 550℃。将不同浇铸工艺下制备的铸态合金置于光学显微镜下,观察合金的组织形貌。其中,不同浇铸温度制备合金在(001)晶面的枝晶形貌,如图 3.5 所示。

合金经不同浇铸温度条件下的一次枝晶形貌,如图 3.5(a),(b),(c)所示。由图可以看到,在不同浇铸温度条件下,一次枝晶均呈十字花瓣状,但其一次枝晶间距不同,根据公式(3.1)计算一次枝晶间距。当浇铸温度为 1 450℃时,一次枝晶间距为 381～414μm;当浇铸温度为 1 500℃时,一次枝晶间距降低为 279～326μm;当浇铸温度提高至 1 550℃时,一次枝晶间距进一步减小至 265～291μm。这表明,随浇铸温度的提高,一次枝晶间距逐步减小。同时,随浇铸温度提高,一次枝晶排列得更为整齐。

图 3.5　不同浇铸温度制备的单晶合金在(001)晶面的枝晶形貌

(a)1 450℃;(b)1 500℃;(c)1 550℃

合金经不同浇铸温度条件下的二次枝晶形貌,如图 3.6(a),(b),(c)所示。由图可以看到,二次枝晶生长在一次枝晶干上,其分布相对规则。随浇铸温度的提高,二次枝晶间距存在变化,根据公式(3.2)计算二次枝晶间距。当浇铸温度为 1 450℃时,二次枝晶间距为 108~120μm;当浇铸温度为 1 500℃时,二次枝晶间距降低为 106~117μm;当浇铸温度提高至 1 550℃时,二次枝晶间距进一步减小至 90~102μm。这表明,随浇铸温度的提高,二次枝晶间距同样逐步减小。同时,随浇铸温度提高,二次枝晶排列同样更为整齐。

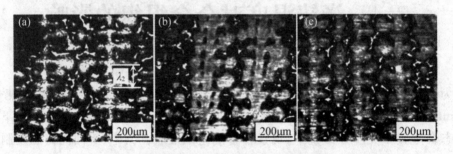

图 3.6　不同浇铸温度制备的单晶合金在(100)面的二次枝晶形貌

(a)1 450℃;(b)1 500℃;(c)1 550℃

将不同浇铸温度条件下,一次/二次枝晶间距,示于表 3.4。

表 3.4　不同浇铸温度制备的合金一次与二次枝晶间距数值

浇铸温度	一次枝晶间距	二次晶枝间距
1 450℃	381~414μm	108~120μm
1 500℃	279~326μm	106~117μm
1 550℃	265~291μm	90~102μm

分析认为,浇铸温度的提高使合金在凝固期间具有较大的温度梯度,从而使界面形核过冷度提高,所以使合金中产生更多的枝晶结构,最终导致枝晶间距相对较小;同时,由于凝固期间的温度梯度较大,这使得二次枝晶拥有较大的生长速率,所以二次枝晶间距同样随浇铸温度的提高而减小。由于当浇铸温度为 1 550℃时,合金具有较小的一次/二次枝晶间距,同时一次/二次枝晶结构排列更为整齐。

为研究浇铸温度对铸态合金中各元素成分偏析的影响,对三种不同浇铸温度制备的合金进行 EPMA 成分分析,结果示于表 3.5。

表 3.5　各元素在枝晶干/枝晶间的成分分布(质量分数,%)及偏析系数

浇铸温度	Region	Al	Ta	W	Cr	Mo	Co
	枝晶间	4.83	8.04	2.87	4.35	6.80	3.71
1 450℃	枝晶干	6.12	6.11	5.55	3.88	5.35	4.05
	偏析系数,K%	−21.1	31.6	−48.3	12.1	27.1	−8.4
	枝晶间	4.81	8.21	3.01	4.20	6.64	3.79
1 500℃	枝晶干	6.13	6.15	4.89	3.94	5.55	4.02
	偏析系数,K%	−21.5	33.5	−38.4	7.3	19.6	−5.7
	枝晶间	4.70	9.12	3.17	4.16	6.59	3.77
1 550℃	枝晶干	6.39	6.10	4.86	3.95	5.53	4.13
	偏析系数,K%	−26.4	49.5	−34.8	5.3	19.2	−8.7

　　表 3.5 中数据表明,浇铸温度对铸态合金的元素偏析有重要影响。其中元素 Al 和 Ta 在枝晶间/枝晶干的偏析系数随浇铸温度的提高而提高,元素 W、Cr 和 Mo 在枝晶间/枝晶干的偏析系数随浇铸温度的提高而降低,元素 Co 在枝晶间/枝晶干的偏析系数随浇铸温度的提高无明显变化。分析认为,提高浇铸温度可使合金液相前沿的界面温度梯度增大,难熔元素的凝固速率加快,由此,可使 W、Mo 等元素的偏析程度降低。

3.5　热处理对合金组织的影响

3.5.1　热处理对组织形貌的影响

　　合金的差示扫描量热曲线(DSC),如图 3.7 所示。将质量为 65.232 g 的合金样品以加热速率为 10 ℃/min,从 300 ℃加热到 1 400 ℃。由于加热初始阶段无物态变化,其热流量随温度的升高与参比物相比变化较小。当温度升高到 1 322 ℃时,曲线出现吸热峰值,即其热流量随温度提高与参比物相比的数值迅速下降。由

此可判断,合金在 1 322℃发生物态转变,由固态转变为液态,说明合金发生了初熔,初熔温度为 1 322.279℃。为防止合金在热处理期间发生初熔,合金的高温固溶处理应低于 1322℃。

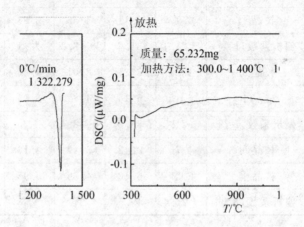

图 3.7　合金的 DSC 曲线

镍基单晶合金的强化效应主要来自共格析出的 γ' 相,γ' 相的尺寸、形态及分布直接影响了单晶合金的性能。铸态单晶合金中,粗大且不规则的 γ' 相分布于枝晶间区域,对合金的高温力学性能极为不利。因此,为获得较好尺寸、形态及分布的 γ' 相,必须对合金进行一定工艺的固溶和时效热处理。本书中采用均质化处理、固溶处理、一次时效和二次时效四级热处理工艺,为比较固溶时间对合金组织与性能的影响,制订出两种热处理工艺如下:1 280℃,2 h,A. C+1 300℃/1 315℃,4h,A. C+1 070℃,4 h,A. C+870℃,24 h,A. C。热处理工艺区别主要在于固溶温度的不同,固溶温度分别为 1 300℃和 1 315℃。

将铸态合金置于 SEM 下进行其组织形貌观察,如图 3.8 所示,图中白色箭头分别为[010]和[100]方向,垂直于纸面方向为[001]方向。图中 A 区域为枝晶干区域,B 区域为枝晶间区域。由图可以看到,枝晶间和枝晶干区域的组织形貌明显不同,两区域的 γ' 相尺寸差别较大,枝晶干区域 γ' 相的尺寸约为 $0.3\mu m$,枝晶间区域的 γ' 相尺寸约为 $1\mu m$,部分较为粗大的 γ' 相尺寸可达 $2\mu m$。枝晶干区域的 γ' 相主要呈现蝶状,四角尖锐,中间凹陷,已经接近立方体形态,而枝晶间区域的 γ' 相呈现不规则形态,一些较为粗大的 γ' 相呈现类球形,此外枝晶间区域的 γ' 相排列也不规则。

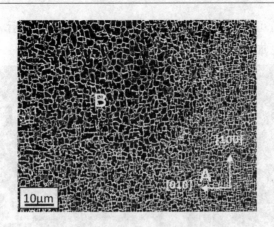

图 3.8　单晶合金铸态下相形貌

合金经 1 300℃保温 4h 固溶及完全热处理后的组织形貌如图 3.9(a)所示。可以看到,与铸态合金相比,γ′相的形貌更加规则,γ′相以共格方式镶嵌在 γ 相基体中,但是 γ′相的立方度稍差,排列不规则。合金经完全热处理后的组织形貌,如图 3.9(b)所示。由图可以看到,经过完全热处理后,合金中立方 γ′相以共格方式镶嵌在 γ 相基体中,同时 γ′相有较好的立方度,且排列规则,γ′相尺寸约为 0.45μm,基体通道约为 0.1μm,γ′相的体积分数约为 63%。

图 3.9　热处理后单晶合金中相形貌

(a)1 300℃固溶处理;(b)1 315℃固溶处理

合金经 1 315℃固溶 4h 及进行完全热处理后,不同阶段热处理后的组织形貌如图 3.10 所示。合金经 1 315℃固溶处理后的组织形貌,如图 3.10(a)所示。

由图可以看到,细小 γ′相自基体中析出,γ′相的尺寸约为 0.2～0.3μm,此时,γ′相具有一定的立方度,四角尖锐,中间稍凹陷。与铸态合金相比较,经固溶处理后,合金中 γ′相尺寸明显减小,且形貌规则,尺寸均匀,排列比较规则。合金经一次时效后的组织形貌,如图 3.10(b)所示。由图可以看到,经 1 070℃,4h 一次时效处理后,合金中的 γ′相明显长大,尺寸约为 0.45μm。图 3.10(c)为合金经二次时效后的组织形貌图,可以看到,经 870℃,24h 二次时效处理后,γ′相尺寸无明显变化,但立方度形态更加规则。

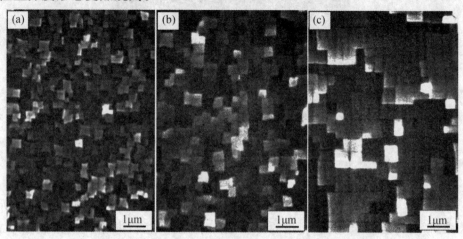

图 3.10　合金经不同时效时间处理后的组织形貌
(a)固溶处理;(b)一次时效;(c)二次时效

在 1 080℃分别对合金进行 100h,200h,300h 以及 500h 不同时间时效处理,其组织形貌如图 3.11 所示。由图可以看到,当时效时间为 100h 时,合金中 γ′相已经发生了串化转变,其串化方向为[100]方向或[010]方向,串化 γ′相的尺寸明显长大至 0.6μm。但不同区域长大程度不同,同时基体通道的尺寸也增大至 0.2μm,如图 3.11(a)所示。

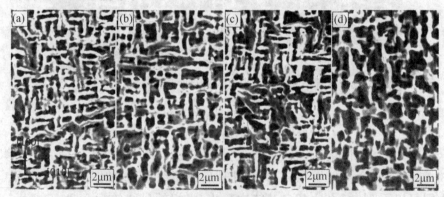

图 3.11　合金经 1 080℃时效不同时间的组织形貌
(a)时效 100h;(b)时效 200h;(c)时效 300h;(d)时效 500h

当时效时间提高至 200h,γ′相进一步粗化至约 0.75μm,如图 3.11(b)所示。当时效时间提高至 300h,γ′相尺寸增加至约 0.85μm,如图 3.11(c)所示。当时效时间提高至 500h,γ′相尺寸增大至 0.9μm,此时 γ′相尺寸已远大于热处理态合金中 γ′相的尺寸,且串化 γ′相的尺寸较为均匀。γ′相尺寸与时效时间关系曲线,如图 3.12 所示。分析认为,合金经 1 080℃长期时效期间,随时效时间增大,合金中串化 γ′相的尺寸明显增大,当时效时间为 500h 时,γ′相尺寸已增大至 0.9μm,此时合金中无 TCP 相析出,表明合金具有较好的组织稳定性。

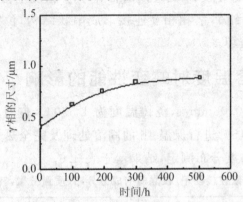

图 3.12　γ′相尺寸与时效时间的关系曲线

合金经不同时间时效处理后的 TEM 微观组织形貌如图 3.13 所示。合金时效为 100h 的组织形貌,如图 3.13(a)所示。可以看到,原来立方体形态的 γ′相已经转变成串状结构,由于时效期间无外加应力,所以 γ′相既可沿[010]方向生长,也可沿[001]方向生长,同时可以观察到,大量位错存在于合金的基体中。合金时效为 200h 的组织形貌如图 3.13(b)所示。由图可以看到,合金中 γ′相已经粗化,且相邻 γ′相相互连接形成串状结构。图中 A,B 和 C 为已经串联在一起的 γ′相,在 γ/γ′两相界面存在位错网,如图中黑色箭头所示,表明,此时合金中 γ/γ′两相已失去共格界面,转变为半共格界面。

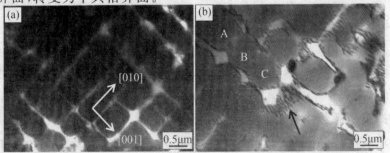

图 3.13　合金经不同时效时间后的组织形貌(TEM)

(a)1 070℃时效 100h;(b)1 070℃时效 200h

综上所述,热处理工艺对合金组织结构有重要影响。固溶处理可降低成分偏析,减小枝晶间/枝晶干的形貌差别,细小 γ' 相重新自 γ 基体中析出。时效处理主要是调整合金中 γ' 相的尺寸与形态,一次时效处理可使合金中 γ' 相明显长大,二次时效处理可提高合金中 γ' 相的立方度。经更高温度固溶处理后,合金中共晶组织可彻底消除。在长期时效下,处理期间合金中 γ' 相发生粗化,随时效时间延长,γ' 相的尺寸逐渐增大,相邻 γ' 相相互连接形成串状结构,位错网分布在 γ/γ' 两相界面,共格界面遭到破坏。

3.5.2 固溶温度对蠕变性能的影响

采用抽拉速率为 0.08mm/s,浇铸温度为 1 550℃,制备的镍基单晶合金温度分别在 1 300℃和 1 315℃进行保温 4h 的固溶处理及完全热处理后,对合金进行元素在枝晶间/枝晶干浓度分布测定,结果示于表 3.6。

表 3.6　各元素在枝晶干/枝晶间的成分分布(质量分数,％)及偏析系数

状态	区域	Al	Ta	W	Cr	Mo	Co
铸态	枝晶间	4.81	8.21	3.01	4.20	6.64	3.79
	枝晶干	6.13	6.15	4.89	3.94	5.55	4.02
	偏析系数,K％	−21.5	33.5	−38.4	7.3	19.6	−5.7
1 300℃	枝晶间	5.46	7.39	3.60	4.12	6.32	3.82
	枝晶干	6.15	6.77	4.23	3.99	5.87	3.91
	偏析系数,K％	−11.2	9.2	−14.9	3.3	7.7	−2.4
1 315℃	枝晶间	5.97	7.58	5.90	4.17	6.20	3.83
	枝晶干	6.09	7.46	6.11	4.11	5.81	3.92
	偏析系数,K％	−2.0	1.6	−3.4	1.5	6.7	−2.3

表 3.6 中数据表明,热处理态合金与合金铸态的偏析区域无明显差别,但是偏析程度大幅降低。当固溶温度为 1 300℃时,Ta 的偏析系数由 33.5％降低到 9.2％,W 的偏析系数由 −38.4％降低到 −14.9％。当固溶温度提高到 1315℃时,合金中各元素在枝晶间/枝晶干的偏析系数进一步减小,Ta 的偏析系数由 9.2％降低到 1.6％,W 的偏析系数由 −14.9％降低到 −3.4％。

以上结果表明,合金经过完全热处理后,合金中各元素在枝晶间/枝晶干的成

分偏析明显降低。随固溶处理温度提高,合金中各元素在枝晶间/枝晶干的成分偏析进一步降低。

经不同温度固溶及完全热处理态的合金置于蠕变试验机中进行蠕变性能测试,分别在 800℃,800MPa 和 1 070℃,160MPa 测定各自的蠕变性能。绘制出合金在不同条件的蠕变曲线,如图 3.14 所示。图 3.14(a)为两种合金在 800℃,800MPa 的蠕变曲线。由图可以看到,经不同温度固溶处理合金均呈现蠕变三个阶段,即蠕变的初始阶段、稳态阶段和加速阶段。经 1 315℃固溶处理合金的蠕变寿命为 79h,经 1 300℃固溶处理合金的蠕变寿命为 60h,测定出两合金在蠕变稳态期间的应变速率分别为 0.015 5%/h 和 0.019 5%/h。这表明,合金在中温/高应力条件下,随固溶温度提高,合金的蠕变寿命提高,合金在蠕变稳态期间的应变速率降低。

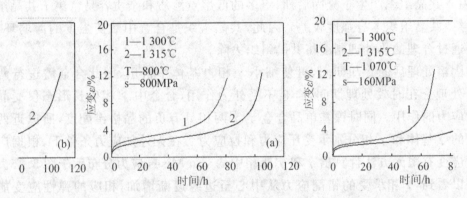

图 3.14　不同温度固溶处理后的合金在不同条件下的蠕变曲线

(a)800℃/800MPa;(b)1 070℃/160MPa

两种合金在 1 070℃/160MPa 测定的蠕变曲线,如图 3.14(b)所示。经 1 300℃固溶处理合金的蠕变寿命为 68h,经 1 315℃固溶处理合金的蠕变寿命为 110h,提高幅度达 62%,分别测定出两合金在蠕变稳态期间的应变速率为 0.049 5%/h 和 0.031 0%/h。与中温/高应力相比,提高固溶温度可明显提高合金在高温的蠕变寿命。

镍基高温合金的热处理主要分为固溶处理和时效处理。固溶热处理时,合金被加热到初熔温度以下进行保温,此时枝晶间和枝晶干区域的 γ′ 相均充分溶解,合金为单一 γ 相,同时合金中各元素得到充分的扩散,以减小元素在枝晶干/间区域的成分偏析。同时,共晶组织是合金在非平衡凝固的产物,故固溶处理期间可使共晶组织完全消除。随后在温度降低期间,合金中尺寸均匀的立方 γ′ 相自基体中析出。因此,固溶处理的温度、保温时间和冷却速率都对合金中 γ′ 相形态产生影响。由于固溶处理就是通过热运动促使原子扩散的过程,所以在较高的温度下,原子扩散更为均匀,如果固溶温度较低,可能会导致较大的 γ′ 相和共晶组织无法充分溶解。固溶处理的保温时间也决定了固溶处理的效果,长时间的固溶处理可使原子扩散得更加均匀。根据 Arrhenius 公式:

$$D = D_0 \exp(\frac{-Q}{RT}) \tag{3.4}$$

式中:Q 为激活能;T 为绝对温度;R 为气体常数;D 为扩散系数;D_0 为扩散常数。公式表明固溶温度及时间对扩散系数有较大影响。

研究表明,合金在服役期间,当位错在基体中运动与共晶组织相遇,可引起位错塞积,位错塞积可引起应力集中。因此,在近共晶组织区域易形成裂纹萌生。同时,由于共晶组织产生于凝固后期,更多的低熔点溶质和杂质容易富集于共晶组织中,导致共晶组织本身强度较差。因此,共晶组织是合金中蠕变强度的薄弱环节,需要通过合理的热处理制度将共晶组织去除。

固溶处理后的冷却期间,可使细小 γ′ 相自基体中析出,因此合金需进行两级时效处理。在时效处理期间,合金不受外力作用,合金中 γ′ 相生长形态仅受晶格错配应力的作用。同时镍基单晶合金 γ/γ′ 两相具有负的晶格错配度,所以近两相界面的 γ 基体和 γ′ 相分别承受压应力和拉应力。在无外加应力条件下,根据广义平面应变有限元方法计算出 γ 和 γ′ 两相中的 von Mises 应力分布示于图 3.15。由图可以看到,γ′ 相承受的错配应力从中心至边缘逐渐增加,相应的弹性应变能增大,因此,立方 γ′ 相具有较高的晶格错配应力梯度。

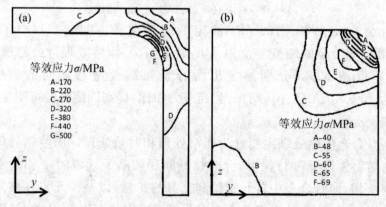

图 3.15　广义平面应变条件下的 von Mises 应力分布示意图(无外加应力时)

由于 γ 基体相存在弹性应力梯度可以为元素扩散提供驱动力,所以导致半径较大的 Al,Ta 等原子扩散到 γ' 相的凹穴区域,最终导致 γ' 相将沿着应力减小的方向长大,随立方 γ' 相长大,γ' 相的立方度增加,应变能降低。合金一次时效的目的是:γ' 相在界面能和应变能的共同作用下,在保持 γ/γ' 两相共格界面的同时,按"台阶机制"长大。经一次时效处理后,合金中 γ' 相呈现凹凸特征的立方度欠佳的立方形态。二次时效的目的是:在共格界面应变能的作用下,γ' 相可继续按"台阶机制"生长,进而实现调整 γ' 相的尺寸及完善 γ' 相的形貌的作用,增加了 γ' 相的立方度。γ' 相按"台阶机制"生长的示意图,如图 3.16 所示。

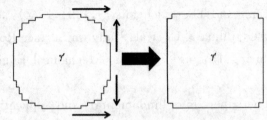

图 3.16　台阶机制生长的 γ' 相的示意图

分析认为,合金在时效处理期间,晶格的共格应变能起主导作用,γ/γ' 两相界面存在的弹性应力梯度可为元素扩散提供驱动力,Al 和 Ta 等原子半径较大的原子可定向扩散至 γ' 相中点阵伸长的立方体边缘,从而使 γ' 相立方度增加。与此同时原"点阵伸长"的晶格应变将减小,应变能也同时降低。同时,由于 γ/γ' 两相的共格关系,其较高的弹性应变能可限制 γ' 相沿垂直于界面的方向生长。在共格界面较小界面能和较高弹性应变能的共同作用下,γ' 将优先按照"台阶机制"沿 $<100>$ 方向在台阶的侧面扩散生长。随时效进行,两互相垂直的台阶长大相遇,此时交角处弹性应变能达到最低,界面能达到最大,这遏制了 γ' 相向蝶形方向生长,最终 γ' 相扩散成长为沿 $<100>$ 方向规则排列的立方体形貌。同时需要说明的是,γ' 相以立方体的形貌稳定存在是由于晶格错配应力的对称分布。

参考文献

[1]Fuchs G E. Solution heat treatment response of a third generation single crystal Ni-base superalloy[J]. Materials Science and Engineering A,2001,300(1-2):52-60.

[2]Gologanu M,Leblond J B,Devaux J. Approximate models for ductile metals containing non-spherical voids-case of axisymmetric prolate ellipsoidal cavities

[J]. Journal of the Mechanics and Physics of Solids,1993,41(11): 1723-1754.

[3]Chen X M,Lin Y C,Wen D X,et al. Dynamic recrystallization behavior of a typical nickel-based superalloy during hot deformation[J]. Materials and Design,2014,57(5):568-577.

[4]Sun H F,Tian S G,Tian N,et al. Microstructure heterogeneity and creep damage of DZ125 nickel-based superalloy [J]. Progress in Natural Science,2014,24(3): 266-273.

[5]Dinsdale A T. SGTE data for pure elements[J]. Calphad-computer Coupling of Phase Diagrams and Thermochemistry,1991,15(4): 317-321.

[6]Gao S,Yang C,Jiuhua X U,et al. Study on Surface Roughness of Nickel-based Supperalloy during Honing[J]. China Mechanical Engineering,2017,02: 223-227.

[7]Reed R C. The superalloys fundamentals and applications [M]. London: Cambridge university press,2008.

[8]Wang Y J,Wang C Y. The alloying mechanisms of Re/Ru in the quaternary Ni-based superalloys γ/γ' interface: A first principles calculation[J]. Materials Science and Engineering A,2008,490(1-2): 242-249.

[9]刘海定,王东哲,魏捍东,等. 高性能镍基耐腐蚀合金的开发进展[J]. 材料导报,2013,27(3):99-105.

[10]田素贵,钱本江,李唐,等. 时效期间含 Re 镍基单晶合金中 TCP 相的演化[J]. 沈阳工业大学学报,2010,32(2):121-125.

[11]郑运荣. 铸造镍基高温合金中的初生 μ 相[J]. 金属学报,1999,12: 1243-1245.

[12]Rae C M F,Reed R C. The precipitation of topologically close-packed phases in rhenium containing superalloys [J]. Acta Materialia, 2001 (19): 4113-4125.

[13]Yu Z H,Liu L,Zhang J. Effect of carbon addition on carbide morphology of single crystal Ni-based superalloy[J]. Transactions of Nonferrous Metals Society of China,2014,24(2): 339-345.

[14]胡壮麒,管恒荣. 紧紧抓住发动机叶片材料的主攻方向[J]. 材料导报,1995,3:89-91.

[15]廖化清,唐亚俊,张静华,等. 燃气轮机抗热腐蚀 DD8 单晶叶片材料及其

应用研究[J]. 材料工程,1992,1:17-19.

[16]Huron E S,Reed R C,Hardy M C,et al. Thermomechanical Fatigue of Single-Crystal Superalloys: Influence of Composition and Microstructure[M]. International Symposium on Superalloys,2012,53(12):369-377.

[17]施轶超. 镍基单晶高温合金 DD5 的组织演变和冷热疲劳的研究[D]. 苏州:江苏大学,2017.

[18]Caron P,Khan T. Improvement of creep strength in a nickel-base single-crystal superalloy by heat treatment[J]. Materials Science and Engineering,1983, 61(2): 173-184.

[19]Nathal M V,Ebert L J. Elevated temperature creep-rupture behavior of the single crystal nickel-base superalloy NASAIR 100[J]. Metallurgical Transactions A,1985,16(3):427-439.

第4章　镍基单晶合金的蠕变行为

4.1　镍基单晶合金的变形机制

镍基单晶合金主要应用于制备涡轮叶片,而涡轮叶片在服役中主要受离心力作用,其受力远小于材料的屈服强度,蠕变损伤是材料的主要失效机制。由于单晶合金中无晶界,所以合金的形变只能通过位错运动来实现。对于镍基单晶合金而言,由于合金中存在 γ' 和 γ 两相,所以位错运动至相界面,会受到较大阻力,因此,与单晶合金相比的 γ/γ' 两相合金,拥有更高的蠕变抗力。

镍基单晶合金在中温和高温蠕变期间,有不同的变形机制,这主要体现在位错有不同的运动方式。在中温蠕变期间,位错主要是在基体中滑移和剪切进入 γ' 相,当位错剪切进入 γ' 相时,可发生分解,形成不同的位错组态,即,不全位错+反相畴界(APB),肖克莱不全位错+内禀层错(SISF),肖克莱不全位错+外禀层错(SESF)和复杂层错(CSF)。当位错剪切进入 γ' 相并分解时,可对位错运动起到阻碍作用,实现变形强化效果。位错切割 γ' 相的示意图,如图 4.1 所示。合金在高温条件服役期间,合金的变形机制为位错在基体中滑移和攀移越过 γ' 相[1,2]。表 4.1 列出了某些合金在蠕变期间的位错运动特征。

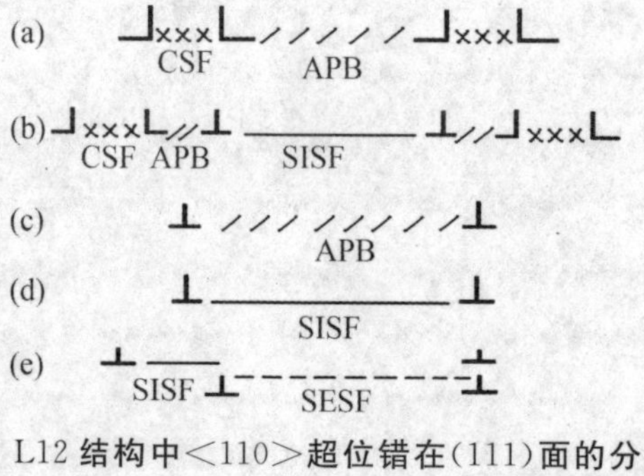

图 4.1　L12 结构中 <110> 超位错在 (111) 面的分解方式

表 4.1　不同合金中位错运动的方式[3]

研究者(年)	材料	温度(K)	结论
Webster, Piearcey(1967)	Mar-M200	1 033	蠕变的第二阶段未发现位错。
Leverant, Kear(1970)	Mar-M200	1 033	蠕变的第一和第二阶段,γ 和 γ' 相出现了$(a/3)<112>$部分位错。
Leverant, Kear, Oblack (1973)	Mar-M200	1 130	蠕变的第一和第二阶段,γ 和 γ' 相出现了$(a/2)<110>$位错,同时,在温度为 1033K 时 r' 相中也出现了位错。
Khan, Caron(1983)	CMSX-2	1 033	γ 相中出现$(a/2)<110>$位错,有$(a/3)<112>$位错剪切进入 γ' 相。γ/γ' 相中存在$(a/2)<110>$位错。
Huisin't, Veld(1985)	MM600	1 063	位错$(a/2)<110>$、$(a/3)<112>$剪切进入 γ' 相。
Link, Feller-Kniepmeier (1988)	SRR99	1 253	蠕变的第和第二阶段,位错$(a/2)<110>$出现在 γ 相中,而 γ' 相中未发现位错。
Pollock, Argon(1988)	CMSX-3	1 123	直到蠕变后期,γ' 相才出现位错。
Lin, Wen(1989)	Rene' 80	1 033	γ' 相中存在$(a/3)<112>$+内禀位错和$(a/3)<112>$+反相畴界+内禀位错。γ 相中出现$(a/2)<110>$位错。

4.2　镍基单晶合金的组织演化

镍基单晶合金在高温/低应力蠕变期间,γ' 相会发生明显定向粗化,即 γ' 相沿某特定方向优先长大,或筏形化[4]。因为 γ' 相是合金的主要强化相,所以其组织演化引起广泛的关注和研究。Tien，Copely 等人[5]首先研究了这一现象，并发现，合金的定向粗化与蠕变温度、应力、合金中 γ/γ′两相的错配度有关系。当蠕变温度大于 900℃时，γ′相才会发生筏形化转变，同时随温度和应力的提高，筏形化的速度增加。Pollock[6]在对 CMSX-3 合金 γ′相定向粗化的研究中发现，γ′相的筏形化转变，有如下两种方式：

(1)N-型：筏状 γ′相沿垂直于应力轴的方向生长；

(2)P-型：筏状 γ′相沿平行于应力轴的方向生长。

已有大量文献对该行为进行了研究[7-9]，发现 γ′相形成的筏状结构与施加应力方向和合金的 γ/γ′两相错配度有关。合金具有负错配度，在拉应力作用下，合金中 γ′相可形成 N-型筏状结构，在压应力作用下，γ′相可形成 P-型筏状结构；正错配度合金，在拉应力作用下，γ′相可形成 P-型筏状结构，在压应力作用下，γ′相可形成 N-型筏状结构。彭志方等人[10]对[001]取向合金进行施加应力与 γ/γ′两相界面弹性应变之间关系的研究中发现，蠕变期间元素的扩散迁移是 γ′相定向粗化和 γ/γ′相界面迁移的主要原因。同时，彭志方等人[11]提出了一种 γ′相在三维空间的生长方式，如图 4.2 所示。

一些报道认为，γ′相所形成的筏状结构可有效阻碍位错运动，促使位错攀移，从而提高合金的蠕变抗力。但是 Kondo 等人[12]在对预形筏合金蠕变性能的研究中发现，CMSX-4 合金经过预形筏后，蠕变寿命大幅降低。Mughrabi 等人[13]研究表明，N-型筏状结构降低了合金的高温疲劳性能，而 P-型筏状结构对合金的高温疲劳性能有增益作用。Tetzlaff 等人[14]的研究结果表明，在蠕变试验中，筏形化合金的蠕变速率是立方 γ′相合金蠕变速率的两倍，蠕变强度明显降低。Pearson 等人[15]认为，γ′相形筏后改变合金中 γ/γ′两相的界面结构，使合金的变形能力降低。同时，也有文献证明：通过预形筏处理的合金，可大幅提高合金的高温蠕变性，但使中温蠕变性能大幅下降。所以，有关 γ′相形筏对合金蠕变性能的影响仍然需要进一步研究。

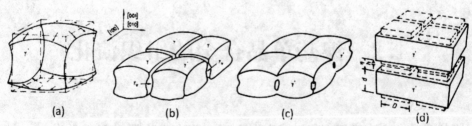

(a)　　　　　　(b)　　　　　　(c)　　　　　　(d)

图 4.2　γ′相定向粗化过程的三维示意图

4.3　一种镍基单晶合金的蠕变特征

4.3.1　蠕变性能测试

设计并制备一种镍基单晶高温合金,其化学成分为 6％Al＋7.5％Ta＋4.15％Cr＋3.9％Co＋6％Mo＋4％W(质量分数,％),其余为 Ni,制备合金选用的抽拉速率为 0.08mm/s,浇铸温度为 1 550℃。合金经 1 315℃固溶和完全热处理后,对棒状合金沿[001]取向截取标距长为 20mm 的片状蠕变样品,其在(100)晶面上的横断面为 4.5mm×2.5mm,拉伸蠕变试样的示意图,如图 4.3 所示。对蠕变样品进行机械研磨和抛光,并将其沿[001]方向置入型号为 GTW504 的蠕变试验机中,进行不同温度和应力条件的蠕变性能测试。

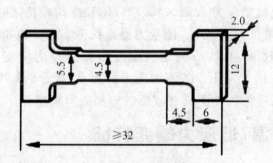

图 4.3　片状蠕变样品的示意图(mm)

4.3.2　中温/高应力蠕变特征

合金在 760~800℃和 760~800MPa 范围内进行蠕变性能测定,绘制蠕变曲线,如图 4.4 所示。合金应力为 800MPa,温度分别为 760℃,780℃和 800℃测定的 3 条蠕变曲线,如图 4.4(a)所示。其中在 800MPa,760℃条件下,合金的蠕变寿命为 354h,稳态蠕变阶段的应变较为平缓,应变速率为 $5.05×10^{-3}$％/h。随温度提高到 780℃和 800℃,蠕变寿命大幅降低到 138h 和 79h,测定的蠕变稳态阶段的应变速率分别为 $2.0×10^{-2}$％/h 和 $2.62×10^{-2}$％/h。蠕变温度由 800℃降低到 780℃,蠕变寿命提高 74.7％,温度继续降低到 760℃,蠕变寿命的增幅达到

156.5%。这表明施加应力为 800MPa,蠕变温度大于 760℃时,合金有明显的施加温度敏感性。

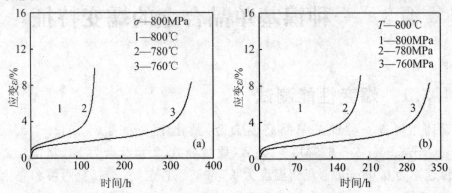

图 4.4　合金在中温/高应力条件下的蠕变曲线

(a)在不同温度施加 800MPa;(b)在 800℃施加不同应力

合金在 800℃施加应力为 760MPa,780MPa 和 800MPa 测定的蠕变曲线,如图 4.4(b)所示。施加应力 760MPa 时,合金的蠕变寿命为 280h,蠕变稳态阶段的应变较为平缓,应变速率仅为 2.62×10^{-3}%/h,稳态阶段持续时间为 150h,进入加速阶段之前的应变量仅为 3.8%。随应力提高到 780MPa 和 800MPa,蠕变寿命大幅度降低,分别为 165h 和 79h,测定的蠕变稳态阶段的应变速率分别为 1.3×10^{-2}%/h 和 2.62×10^{-2}%/h。随施加应力的提高,合金的蠕变寿命大幅降低,这说明合金在中温/高应力条件下具有较强的施加应力敏感性。

4.3.3　高温/低应力蠕变特征

合金 1 040~1 080℃温度区间蠕变曲线,如图 4.5 所示,可以看出,合金在高温不同温度条件下的蠕变曲线仍然包含 3 个阶段。高温条件下,合金在施加应力的瞬间产生瞬时应变,此时大量位错在基体中滑移,所以合金在高温蠕变的初始阶段,应变速率非常高。随后,位错塞积致使产生的形变硬化,导致合金的应变速率随之降低,合金即进入蠕变稳态阶段。

合金在 137MPa 施加不同温度测定的蠕变曲线,如图 4.5(a)所示。由图 4.5(a)可以看出,合金在 1 040℃温度条件下具有较长的蠕变寿命,测定出合金在稳态蠕变期间寿命为 450h,稳态应变速率为 0.003 4%/h,整个蠕变过程在 556h 后发生断裂。随蠕变温度提高到 1 070℃,合金在稳态蠕变阶段的应变速率提高至 0.013 9%/h,稳态蠕变阶段持续的时间约为 150h,经 239h 发生蠕变断裂。当温度进一步提高到 1 080℃,其稳态蠕变期间的应变速率提高至 0.030 2%/h,合金的蠕变寿命降低至 165h。以上数据表明,合金在 1 040℃,137MPa 条件下具有较好的蠕变抗力和较长的蠕变寿命。

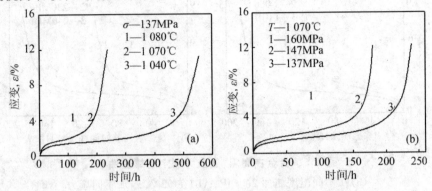

图 4.5 合金在高温/低应力条件下的蠕变曲线

(a)在不同湿度施加 137MPa;(b)在 1070℃施加不同应力

合金在 1 070℃施加不同应力的蠕变曲线,如图 4.5(b)所示。当施加应力为 137MPa 时,合金在稳态蠕变期间的应变速率较低,其应变速率为 0.009 8%/h,蠕变 200h 仍处于稳态阶段,蠕变寿命为 239h。当施加应力提高到 147MPa,合金在稳态阶段的应变速率提高至 0.014 4%/h,稳态阶段持续的时间约为 160h,蠕变寿命为 180h。随施加应力进一步提高到 160MPa,合金的蠕变寿命急剧降低,蠕变 110h 发生断裂。随蠕变应力的提高,合金的蠕变寿命大幅降低,表明在 1 070℃,合金对施加应力有较强的敏感性。

合金在 980~1 010℃温度区间,200~240MPa 应力区间的蠕变曲线,如图 4.6(a)所示。在 200MPa 应力,温度分别为 1 010℃,1 000℃和 980℃条件下,合金的蠕变寿命分别为 74h,111h 和 183h,稳态阶段蠕变时间分别为 35h,70h 和 140h,稳态阶段应变速率分别为 0.041 3%/h,0.031 2%/h 和 0.013 1%/h。结果表明,随蠕变温度的升高,合金的蠕变寿命减小,稳态阶段应变速率增大,尤其是当蠕变温度由 1 000℃提高至 1 010℃,合金的蠕变寿命急剧降低,这说明当蠕变温度达到 1 000℃以上,合金具有较强的温度敏感性。

合金在 980℃不同应力测定的蠕变曲线,如图 4.6(b)所示。施加应力分别为 200MPa,220MPa 和 240MPa 时,合金的蠕变寿命分别为 183h,105h 和 59h,稳态阶段的蠕变时间分别为 140h,65h 和 22h,蠕变稳态阶段的应变速率分别为 0.051 2%/h,0.035 4%/h 和 0.013 1%/h。这表明,合金在该条件下的蠕变寿命随应力的提高而急剧减小。

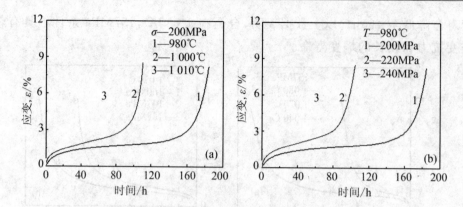

图 4.6　合金在高温/低应力测定的蠕变曲线

(a)在不同温度施加 200MPa；(b)在 980℃施加不同应力

4.3.4　蠕变方程及相关参数

1)蠕变方程

合金在施加载荷的瞬间,产生瞬间应变,合金基体中位错迅速繁殖,导致合金产生的应变速率较大,随着蠕变不断进行,大量位错在基体中塞积导致合金形变硬化。同时,合金在蠕变过程中也会出现回复软化现象,对应组织结构是位错在基体中滑移或攀移来释放局部区域应力集中,当回复软化与加工硬化达到平衡时,蠕变进入稳态阶段,此时合金的蠕变速率较低且保持不变,其稳态阶段应变速率可以用Dorn 方程表示:

$$\dot{\varepsilon}_{ss} = A\sigma_A^n \exp(\frac{-Q}{RT}) \tag{4.1}$$

其中,Q 为表观蠕变激活能;T 为绝对温度;A 为与材料相关的常数;n 为表观应力指数;σ 为施加应力;R 为气体常数。

由式(4.1)变换可得

$$Q_{app} = -R(\frac{\partial \ln\dot{\varepsilon}_{ss}}{\partial T^{-1}}) \ \text{或} \ \ln\dot{\varepsilon}_{ss} = -\frac{Q_{app}}{RT} + C \tag{4.2}$$

施加不同应力的式(4.1)相减,可得表观应力指数的计算公式:

$$n = \frac{\ln\dot{\varepsilon}_{ss1} - \ln\dot{\varepsilon}_{ss2}}{\ln\sigma_1 - \ln\sigma_2} \tag{4.3}$$

在不同温度施加相同应力的式(4.1)相减,可得表观蠕变激活能的计算公式为

$$Q = \frac{RT_1 T_2}{T_1 - T_2} \ln\frac{\dot{\varepsilon}_1}{\dot{\varepsilon}_2} \tag{4.4}$$

由表观应力指数计算公式(4.3)以及表观蠕变激活能计算公式(4.4)可知,当施加应力不变时,合金在稳态蠕变阶段的应变速率与温度的倒数 $\left(\ln\dot\varepsilon_{ss} - \dfrac{1}{T}\right)$ 呈现线性关系;当温度不变时,合金在稳态蠕变阶段的应变速率与施加应力 $(\ln\dot\varepsilon_{ss} - \ln\sigma_a)$ 也呈现线性关系。

2)中温/高应力条件下蠕变激活能和应力指数的计算

根据图 4.4 求得合金在该条件下的应变速率,并绘制出应变速率与蠕变温度、应力之间的关系,如图 4.7 所示。图 4.7(a)为应变速率与温度之间的关系,图 4.7(b)为应变速率与应力之间的关系。根据图 4.7 计算出在该温度及应力条件下,合金在稳态蠕变阶段的表观蠕变激活能为 $Q = 458.3\text{kJ/mol}$,应力指数为 $n = 14.3$。根据 n 值可以初步推断,合金在蠕变稳态阶段的变形机制是位错在基体中滑移和位错剪切进入 γ' 相。

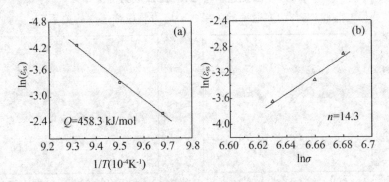

图 4.7　应变速率与温度/施加应力的关系
(a)温度与应变速率的关系;(b)应力与应变速率的关系

3)高温/低应力条件下蠕变激活能和应力指数的计算

根据图 4.5 求得合金在该条件下的应变速率,并绘制出应变速率与蠕变温度、应力之间的关系,如图 4.8 所示,其中图 4.8(a)为应变速率与温度之间的关系,图 4.8(b)为应变速率与应力之间的关系。根据图 4.8 计算出在该温度及应力条件下,合金在稳态蠕变阶段的表观蠕变激活能为 $Q = 420.9\text{kJ/mol}$,应力指数为 $n = 4.5$。根据 n 值可以初步推断,合金在蠕变稳态阶段的变形机制是位错在基体中滑移和位错攀移越过 γ' 相。

根据图 4.6 求得合金在该条件下的应变速率,并绘制出应变速率与蠕变温度、应力之间的关系,如图 4.9 所示,其中图 4.9(a)为应变速率与温度之间的关系,图 4.9(b)为应变速率与应力之间的关系。根据图 4.9 计算出在该温度及应力条件下,合金在稳态蠕变阶段的表观蠕变激活能为 $Q = 450.9\text{kJ/mol}$,应力指数为 $n = 4.9$。根据 n 值可以初步推断,合金在蠕变稳态阶段的变形机制是位错在基体中滑移和位错攀移越过 γ' 相。

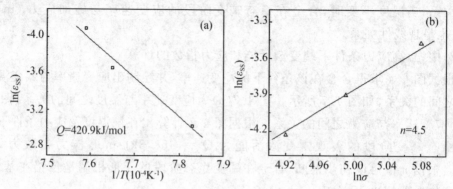

图 4.8 应变速率与温度/施加应力的关系
(a)温度与应变速率的关系;(b)应力与应变速率的关系

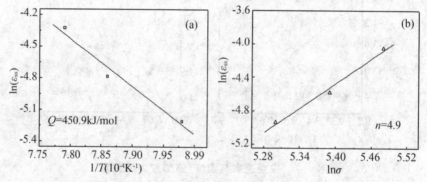

图 4.9 应变速率与温度/施加应力的关系
(a)应变速率与温度关系;(b)应变速率与应力关系

4.4 合金在蠕变期间的组织演化

4.4.1 中温/高应力条件下合金的组织演化

合金经 800℃/760MPa 蠕变 280h 断裂后,在不同区域的组织形貌,如图 4.10 所示。图 4.10(a)为合金蠕变断裂观察区域的示意图,图中 A,B,C,D,E 五个区域分别对应图 4.10(b)、图 4.10(c)、图 4.10(d)、图 4.10(e)和图 4.10(f),图中双箭头所示方向为合金在蠕变期间的施加应力方向。

图 4.10(b)为试件远断口区域的组织形貌,该区域承受应力较小,其组织形貌与在热处理态合金无明显差别,γ′相仍然以共格方式镶嵌在 γ 相基体中并保持了较好的立方度,γ′相尺寸与蠕变前相近,但是 γ 基体相出现了较小程度的扭曲。图 4.10(c)为试件远断口区域的组织形貌,但是随观测点逐渐接近断口,观察区域承受的受力增大,合金中 γ 相尺寸略有增加,扭曲程度加剧,水平基体通道的尺寸略有增大。图 4.10(d)和图 4.10(e)为 C,D 区域的组织形貌,该区域为断裂试件的中间区域,该区域 γ/γ′两相扭曲程度加剧,水平基体通道的尺寸继续增大,γ′相立方度变差并且尺寸增大,部分 γ′相之间界限模糊,出现了相互吞并的现象。图 4.10(e)为试件近断口区域的组织形貌,由于该区域蠕变过程中发生颈缩,所以该区域合金的承载横截面积变小,所受有效应力增大,所以该区域的组织形貌发生了较大变化。合金中 γ 相基体通道扭曲严重,且沿水平方向的 γ 相基体通道尺寸增大。此外,合金中 γ′相的形貌也发生明显变化,其尺寸增大,边角圆滑,立方度较差,扭曲加剧,并有大量相邻 γ′相相互连接和吞并。

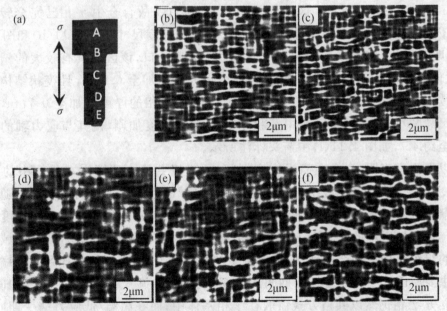

图 4.10　800℃,760MPa 蠕变 280h 断裂后,在不同区域的组织形貌

(a)样品观察区域示意图;(b)A 区域形貌;(c)B 区域形貌;(d)C 区域形貌;

(e)D 区域形貌;(f)E 区域形貌

在 800℃/760MPa 蠕变断裂后的组织形貌观察表明,在合金不同区域的组织形貌明显不同。随观察点逐渐接近断口,合金所受的有效应力增大,γ/γ' 两相的扭曲程度逐渐加剧,沿水平方向 γ 和 γ' 相的尺寸增大,γ' 相边角圆滑,立方度差,相邻 γ' 相相互吞并数量增多。虽然合金在不同区域的组织形貌不同,但是合金中 γ' 相仍然以共格方式镶嵌在 γ 相基体中,而未发生明显的筏形化转变,这是合金在中温蠕变期间组织形貌的显著特征。

4.4.2 高温/低应力条件下合金的组织演化

合金在 1 070℃,137MPa 蠕变 239 h 断裂后,样品表面的组织形貌,如图 4.11 所示,其中,图 4.11(a)为观察区域的示意图,图中双箭头所示为合金在蠕变期间施加应力方向。

在试样的 A 区域为低应力区域,可以看出,该区域的 γ' 相已形成筏状结构,方向垂直于应力轴方向,筏状 γ' 相的厚度尺寸约为 $0.5\mu m$,但沿平行于应力轴方向仍存在较多细小 γ 基体相,如图 4.11(b)中箭头所示。尽管 B 区域中 γ' 相已大部分转变成筏形结构,但局部区域沿平行于应力轴方向仍存在少量细小 γ 基体相,如图 4.11(c)箭头标注所示。区域 C 为施加拉应力区,故合金中 γ' 相已完全转变成垂直于应力轴方向的 N-型筏状结构,筏状 γ' 相的厚度尺寸与图 4.11(b)和图 4.11(c)无明显变化,如图 4.11(d)所示。区域 D 为近断口,该区域具有较大的塑性变形,致使筏状 γ' 相发生了扭曲和粗化,厚度尺寸已增加至 $0.6\mu m$,且筏状结构已不再连续,如图 4.11(e)所示。在断口区域 E,筏状 γ' 相的厚度增加至 $0.7\mu m$,同时长度尺寸减小,特别是该区域中筏状 γ' 相的扭曲程度加剧,使其与应力轴的夹角减小至约 45°,如图 4.11(f)中箭头标注所示。

以上观察表明,合金在高温蠕变期间,原来以共格方式镶嵌在基体中的 γ' 相已转变为 N-型筏状结构。同时,合金中不同区域的组织形貌有明显差别。随观察点逐渐接近断口区域,γ/γ' 两相的扭曲程度逐渐加剧,沿水平方向的 γ 相厚度逐渐增大。近断口区域的 γ' 相已与应力轴方向呈 45°,这说明蠕变后期,颈缩区域完整连续的组织结构遭到严重破坏,故使合金的高温蠕变抗力降低,是导致合金蠕变断裂的主要原因。不同温度蠕变期间的组织观察表明,在中温/高应力蠕变期间,合金中立方 γ' 相仍然以共格方式镶嵌在 γ 相基体中;而在高温/低应力蠕变期间,合金中 γ' 相已转变为 N-型筏状结构,这是合金在不同温度蠕变期间最重要的组织形貌差别。其中,合金近断口区域承受有效应力最大,其组织演化及变形加剧,使合金高温蠕变抗力降低,是合金发生蠕变断裂的主要原因。

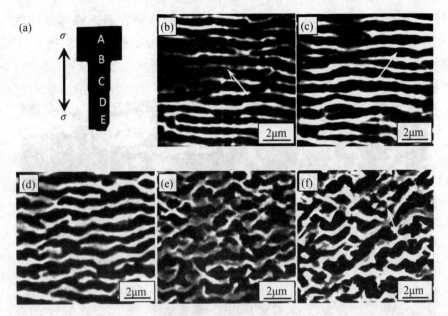

图 4.11　在 1 070℃,137MPa 蠕变 239h 断裂后,合金不同区域的组织形貌

(a)样品观察区域示意图;(b)A 区域形貌;(c)B 区域形貌;(d)C 区域形貌;

(e)D 区域形貌;(f)E 区域形貌

4.5　合金在蠕变期间的变形机制

4.5.1　中温/高应力条件下合金的变形机制

合金经 800℃,760MPa 蠕变不同时间的组织形貌,如图 4.12 所示,由此分析合金在蠕变稳态阶段的变形机制。图 4.12(a)为合金蠕变 100h 后的微观组织形貌,图 4.12(b)为合金蠕变 180h 的微观组织形貌。

合金蠕变 100h 后的微观组织形貌,如图 4.12(a)所示。合金蠕变 100h 时已进入蠕变的稳态阶段,可以看到,合金中 γ′相仍然以共格方式镶嵌在基体中,但与热处理态合金的形貌有明显差别,立方 γ′相已经发生钝化,部分相邻的 γ′相相互吞并,并形成串化结构,如图中白色箭头所示。此外,合金中 γ 基体中存在大量位错,部分位错已剪切进入 γ′相,如图 4.12(a)中黑色箭头所示。其中部分位错剪切进入 γ′相后,可分解形成两个(1/3)<112>超 Shockly 不全位错和层错的组态,如

图 4.12(a)中 A、B、C 等区域所示。以上观察表明,合金在稳态蠕变期间的变形机制是大量位错在基体中滑移,已有部分位错剪切进入 γ' 相,且剪切进入 γ' 相的位错可发生分解,形成不全位错＋层错的位错组态。

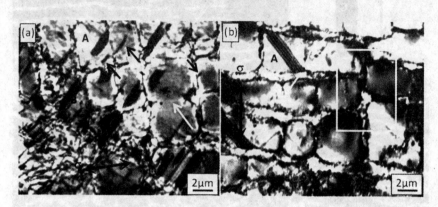

图 4.12　合金在 800℃,760MPa 条件下蠕变不同时间的组织形貌
(a)蠕变 100h;(b)蠕变 180h

　　合金蠕变 180h 后的微观组织形貌,如图 4.12(b)所示。合金蠕变已进入蠕变稳态末期,合金中 γ' 相仍然以共格方式镶嵌在基体中,但与蠕变 100h 的组织形貌相比,略有差别。可以发现,随蠕变时间延长,合金中 γ' 相尺寸增大,立方 γ' 相的边角钝化更加明显,相邻 γ' 相相互吞并的数量增多,如图中白色箭头所示。合金中 γ' 相的排列杂乱,如图中白色框内所示。

　　合金在稳态蠕变期间已有位错剪切进入 γ' 相,且部分剪切进入 γ' 相的位错发生分解,可形成不全位错加层错的组态,其中,剪切进入 γ' 相的位错可穿过层错区域,导致层错出现错排和扭折。以上观察表明,中温高应力蠕变期间,合金的微观变形机制是位错在基体中滑移和剪切进入 γ' 相。

　　合金经 800℃,760MPa 蠕变 180h,在另一区域的层错形貌,如图 4.13 所示,图中双箭头为施加应力方向。可以看到,位错剪切进入 γ' 相后发生分解,形成 $(1/3)<112>$ 不全位错加层错的位错组态,如图 4.13(a)中 H 区域所示,且该层错条纹已发生错排,如图中黑色箭头所示,这应归因于另一位错剪切进入 γ' 相穿过层错区,使其层错条纹衬度发生变化所致。另一区域的层错形貌,如图 4.13(b)所示。可以看到,两不同方向的层错相互叠加,如图中白色箭头所示,并在交叉区域其层错衬度发生变化,当两衬度相同层错叠加时,衬度加重,反之衬度减弱。蠕变期间位错分解形成的层错,可以有效阻碍位错的运动,故可提高合金的蠕变抗力。

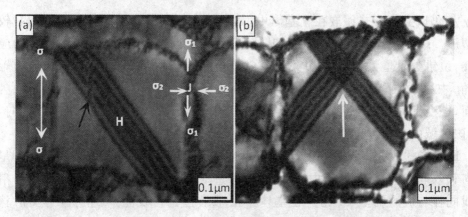

图 4.13　合金在 800℃,760MPa 条件下蠕变 180h 后的层错形貌

(a)单取向层错;(b)双取向层错

图 4.13 表明,合金在蠕变期间 γ′ 相虽然没有形成完整的筏状结构,但是 γ′ 相的边角已经钝化,并已转变成串状结构。γ′ 相的受力分析,如图 4.13(a)中 J 区域。蠕变期间 γ′ 相承受 σ_1、σ_2 应力的作用,其中 σ_1 为平行于应力轴方向的拉应力,σ_2 为垂直于应力轴方向的切应力。切应力 σ_2 促使垂直于应力轴的界面发生晶格收缩,可排斥较大的 Al、Ta 原子,而拉应力 σ_1 促使平行于应力轴方向的界面发生晶格扩张,可诱捕较大半径的 Al、Ta 原子,在两种应力的共同作用下,γ′ 相可沿与应力轴垂直的方向定向生长。但是由于合金在该蠕变条件下虽有较大应力,但蠕变温度较低,元素扩散速率较慢,所以合金中 γ′ 相并未形成完整的筏状组织,仅存在少量串状 γ′ 相结构。

合金在 800℃,760MPa 蠕变 280h 断裂后的微观组织形貌,如图 4.14 所示,图中双箭头所示为施加应力轴方向,图 4.14(b)和图 4.14(c)分别为 D 和 E 两区域的放大形貌图。可以看到有大量位错在基体通道中滑移,如图 4.14(a)中 D 和 E 区域所示,并有较多位错剪切进入 γ′ 相,由于 γ′ 相强度较高,位错剪切进入 γ′ 相后发生交滑移,可形成位错扭折形态,如图中 G 区域所示,此外,该区域仍有少量层错,如图中 F 区域所示。合金在稳态蠕变阶段出现层错的数量较多,而蠕变断裂后层错数量较少的事实表明,随应变量增加,合金中层错的数量减少。其原因为随蠕变进行,合金的应变增大,在较大应变能和热激活的作用,层错区错排的原子可发生扩散和迁移,使其恢复至原来的点阵位置,致使层错消失,是合金蠕变断裂后 γ′ 相内层错密度减少的主要原因。随合金的应变量增加,位错剪切进入 γ′ 相数量增加,致使 γ′ 相强度降低,是合金蠕变进入加速阶段的主要原因。

D 区域的放大组织形貌,如图 4.14(b)所示。在中温/高应力蠕变期间,合金

中 γ′相仍以共格方式镶嵌在 γ 基体中,其中,γ′相有较好的强度,而 γ 基体有较好的塑形。蠕变稳态阶段,位错在 γ 基体中滑移或交滑移,随蠕变进行,合金的应变增加,位错数量增大和聚集,并形成高密度位错,此时位错的迹线方向与应力轴呈45°角,如图中白色箭头所示。由于镍基单晶合金为面心立方结构,其{111}面为密排面,蠕变期间在施加载荷作用下,与应力轴呈 45°方向为最大剪切应力方向,因此,该区域的高密度位错为最大剪应力所致。

E 区域的放大组织形貌图,如图 4.14(c)所示。可以看出,该区域存在大量单取向和双取向滑移迹线,其中,双取向滑移迹线如图中白色箭头所示,双取向滑移迹线同样与应力轴呈 45°角。在基体中滑移的位错可发生 90°扭折,为交滑移所致,如图中黑色箭头所示。分析认为蠕变期间激活的(1/2)<110>超位错滑移至 γ′相受阻,可由某一{111}面交滑移至另一个{111}面,继而可形成具有 90°折线特征的位错组态。

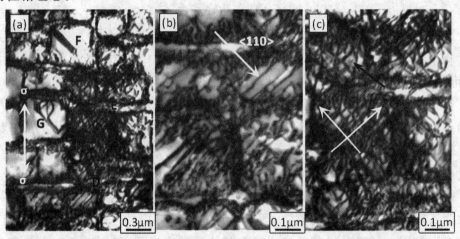

图 4.14 合金经 800℃,760MPa **蠕变** 280h **断裂后的组织形貌**
(a)断裂后的组织形貌;(b)D 区域组织形貌;(c)E 区域组织形貌

综上所述,合金在中温/高应力蠕变稳态期间的变形机制是位错在基体通道中滑移和剪切进入 γ′相,剪切进入 γ′相中的位错可发生分解,形成不全位错+层错的组态。蠕变后期,大量位错剪切进入 γ′相,使 γ′相的强度降低,致使其进入蠕变加速阶段,直至蠕变断裂,是合金在蠕变后期的变形与损伤机制。

4.5.2 高温/低应力条件下合金的变形机制

合金经 1070℃,137MPa 蠕变 150h 的微观组织形貌,如图 4.15 所示,图中双箭头所示为施加应力方向。其中,图 4.15(a)为合金低应力区域的组织形貌,

图 4.15(b)为合金高应力区域的组织形貌。

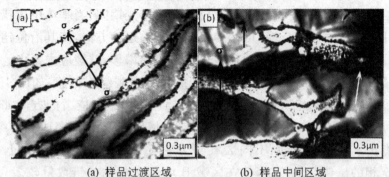

(a) 样品过渡区域　　　　(b) 样品中间区域

图 4.15　合金经 1070℃/137MPa 蠕变 150h 不同应力区域的组织形貌

合金蠕变 150h,已进入蠕变稳态阶段后期。可以看到,合金中 γ′ 相已完全转变为 N-型筏状结构,此时合金的蠕变仍处于稳态阶段,该区域为低应力区域,故合金 γ′ 相的筏状结构保持较为完整,连续性较好,筏状 γ′ 相的厚度约为 0.3～0.4μm,γ 基体通道厚度尺寸约为 0.1～0.2μm,并有大量位错在基体通道中滑移,而 γ′ 相中无位错。

蠕变 150h 的另一区域组织形貌,如图 4.15(b)所示。由于蠕变时间较长,该区域已经发生变形,并导致该区域 γ/γ′ 两相发生扭曲变形,并在 γ′ 相中有位错切入,如图中黑色箭头所示。分析认为,蠕变至稳态后期,该区域基体中已存在大量位错并产生应力集中,当应力集中值大于 γ′ 相的屈服强度时,可剪切进入 γ′ 相,由于合金仍处于蠕变稳态阶段,故仅有少量位错剪切进入 γ′ 相。此外,在 γ/γ′ 两相界面合金中存在位错网,如图中白色箭头所示。

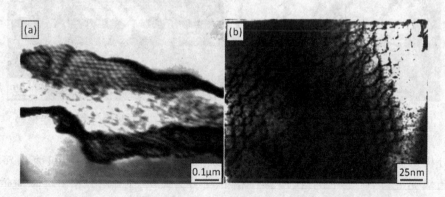

图 4.16　合金经 1070℃,137MPa 蠕变 150h 后的位错网形貌

合金蠕变 150h 后,试件中位错网的微观形貌,如图 4.16 所示,位错网为两组具有不同柏氏矢量的位错交错组成。分析认为,蠕变期间,当基体中位错运动至界面,与位错网相遇,并发生反应,可改变位错原来的运动方向,使其沿位错网中迹线滑移至另一台阶。因此,位错网的存在可促使位错攀移,减缓应力集中。

合金经 1070℃,137MPa 蠕变 239h 断裂后的微观组织形貌,如图 4.17 所示。在远离断口区域的微观组织形貌,如图 4.17(a)所示,施加应力的方向如图中双箭头所示。可以看出合金蠕变断裂后,远断口区域的 γ′ 相已转变成筏形结构,位错网存在于筏状 γ/γ′ 两相界面,不同区域剪切进入 γ′ 相的位错数量不同,其中在 A 区域切入 γ′ 相的位错数量较少,但在区域 B 切入 γ′ 相的位错数量较多,切入 γ′ 相的位错如黑色箭头标注所示,由于该区域已发生较大塑性变形,故筏状 γ′ 相呈现出扭曲形态,如区域 A 所示。

近断口区域的组织形貌,如图 4.17(b)所示,施加应力的方向如图中双箭头所示。相较远离断口区域,该区域的 γ′ 相扭曲程度增大,如图中区域 C 所示,部分筏状 γ′ 相仍沿垂直于应力轴方向规则排列。大量位错在基体通道中滑移,如图中区域 D 所示,并且该区域位错的滑移迹线方向与施加应力轴约呈 45°角,分析认为,这是由于该方向是施加载荷的最大剪切应力方向。大量位错网分布在筏状 γ/γ′ 两相界面,如图 4.17(b)中区域 E 所示。大量位错已经剪切进入筏状 γ′ 相的事实表明,合金在该区域已失去蠕变抗力。

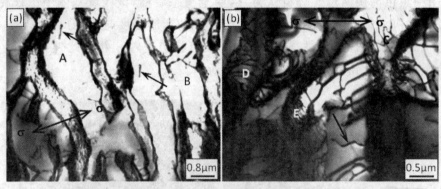

图 4.17　合金经 1070℃,137MPa 蠕变 239h 断裂后不同断口区域的组织形貌
(a)远断口区域;(b)近断口区域

分析认为,合金在蠕变后期的变形机制是位错在基体中滑移和剪切筏状 γ′ 相。随蠕变进行,合金中主/次滑移位错的交替开动,致使位错在 γ 基体通道滑移和剪切进入筏状 γ′ 相。其中,在合金变形期间主滑移系首先开动,并剪切进入筏状 γ′ 相,随后次滑移系开动,继续剪切筏状 γ′ 相,主/次滑移位错的交替开动,使其

剪切进入筏状 γ' 相,可致使筏状 γ' 相发生扭曲。进一步,随蠕变的进行,合金中筏状 γ' 相的扭曲程度随应变量的增加而增大,并促使在 γ/γ' 两相界面发生微裂纹的萌生与扩展,直至蠕变断裂,是合金在蠕变后期的变形与损伤特征。

4.5.3　合金蠕变期间的位错组态分析

合金经 800℃,760MPa 蠕变 280h 断裂后的位错组态,如图 4.18 所示。当衍射矢量为 g＝131 时,位错剪切进入 γ' 相后,发生分解,形成不全位错加层错的组态,其中,不全位错如图 4.18 中 G、H 标注所示,剪切进入 γ' 相的超位错如图中 J 所示。

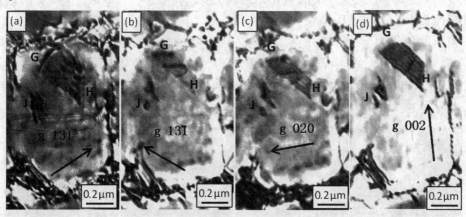

图 4.18　合金经 800℃,760MPa 蠕变断裂后的位错组态

(a)g131;(b)g1 $\overline{3}\overline{1}$;(c)g020;(d)g002

可以看到,当衍射矢量为 g＝131、g＝13$\overline{1}$、g＝020 时,位错 G 显示衬度,如图 4.18(a)、(b)和(c)所示。当衍射矢量为 g＝002 时,位错 G 的衬度消失,如图 4.18(d)所示。根据 b·g＝0 或±(2/3)不全位错不可见判据,可以确定肖克莱不全位错 G 的柏氏矢量为 b_G＝(a/3)[21$\overline{1}$]。当衍射矢量为 g＝131、g＝13$\overline{1}$、g＝020、g＝002 时,位错 H 消失衬度,如图 4.18(a)、(b)、(c)和(d)所示。当衍射矢量为 g＝022 时,位错 H 显示衬度(照片略去),可以确定,肖克莱不全位错 H 的柏氏矢量为 b_H＝(a/3)[2(1(1]。分析认为,当[1$\overline{1}$0]超位错剪切进入 γ' 相后,可在(111)面分解为两个肖克莱不全位错 b_G＝(a/3)[21$\overline{1}$]和 b_H＝(a/3)[2 $\overline{1}$1],并在其间形成层错(SISF),其分解式为:

$$a[1\,\overline{1}0]+(a/3)[1\,\overline{2}1]+SISF+(a/3)[2\,\overline{1}1] \tag{4.5}$$

当衍射矢量为 g＝131、g＝002 时,位错 J 显示衬度,如图 4.18(a)和(d)所示。

当衍射矢量为 g=13$\bar{1}$ 和 g=020 时,位错 J 的衬度消失,如图 4.18(b)和(c)所示。由此,可以判定,位错 J 为具有柏氏矢量为[101]的螺型超位错,其位错的线矢量为 μ_J=002,滑移面为(010)。

合金经 980℃,200MPa 蠕变 183h 断裂后,在不同衍射矢量下,近断口区域的位错组态,如图 4.19 所示。图中白色双箭头为施加应力轴方向,位错 A 的迹线与 g=0$\bar{2}$2 平行,B 位错的迹线与应力轴垂直。当衍射矢量为 g=133 和 g=002 时,位错 B 显示衬度,如图 4.19(a)、(d)所示,而当衍射矢量为 g=020 和 g=1$\bar{1}$1 时,位错 B 消失衬度,如图 4.19(b)、(c)所示。由此可确定位错 B 的柏氏矢量为 b_B= g020×g1$\bar{1}$1 = (a)[01$\bar{1}$],位错 B 的迹线方向为 μ_B=[010],进而,可确定出位错 B 的滑移面为 b_B×μ_B=(100)。

当衍射矢量为 g=133、g=020 和 g=002 时,A 位错衬度可见,如图 4.19 (a)、(b)和(d)所示。其中,当衍射矢量为 g=1$\bar{1}$1 时,A 位错显示弱衬度,根据 b·g=0 位错不可见判据,可推断出位错 A 的柏氏矢量是 b_A=(a)[110],位错 A 的迹线方向为 μ_A=[0$\bar{2}$2],进而,可确定出位错 A 的滑移面为:b_A×μ_A=(1$\bar{1}\bar{1}$)。

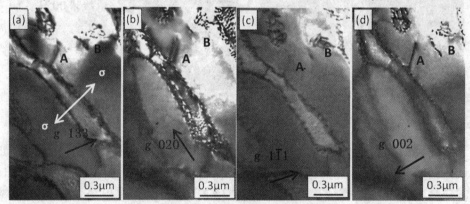

图 4.19　合金经 980℃,200MPa 蠕变断裂后的位错组态
(a)g133;(b)g020;(c)g11$\bar{1}$;(d)g002

以上结果表明,剪切进入 γ′相的位错分别在(010)面和 (1$\bar{1}\bar{1}$)面。分析认为,合金中 γ′相具有 FCC 结构,蠕变期间,位错首先在{111}面开动,当位错剪切进入 γ′相后,可由{111}交滑移至(100),形成 K-W 位错锁,该位错锁具有非平面芯结构,可抑制位错滑移和交滑移。

4.5.4　合金蠕变期间的变形机制分析

合金在中温/高应力条件下施加载荷的瞬间,产生瞬间应变,较大的应变速率使位错迅速在基体中增殖发生塞积,而产生变形硬化效应,使合金的应变速率降低。同时,随着蠕变进行,热激活作用可促进位错的滑移,而发生回复软化,当变形硬化和回复软化达到平衡时,合金的应变速率恒定。此时,合金进入到蠕变稳态阶段。在该阶段,合金的变形机制为位错在基体滑移和剪切进入 γ′ 相,其中,剪切进入 γ′ 相的位错即可发生分解形成不全位错加层错的组态,也可由{111}面交滑移至{010}面形成 K-W 锁。

　　位错剪切进入 γ′ 相的示意图,如图 4.20 所示。其中位错沿<110>方向在{111}面剪切进入 γ′ 相的示意图。镍基单晶合金中 γ 相和 γ′ 相均具有面心立方体结构,{111}面是其原子密排面,因此位错易在该面滑移,如图中黑色箭头所示。位错剪切进入 γ′ 相后发生分解,可形成为肖克莱不全位错加层错的位错组态,其示意图如图 4.20(b)所示。图中 H、G 为 2 个肖克莱不全位错,其间为层错(SISF),位错分解在{111}面进行。蠕变后期,在应变能和热激活的作用下,层错中错排原子可被重新激活,扩散和迁移至原来的点阵位置,使层错消失,故在蠕变断裂后,合金组织中可观察到层错数量减少。

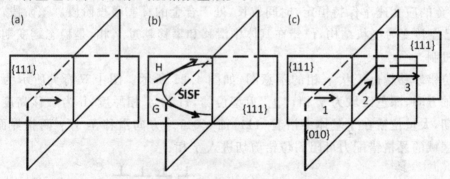

图 4.20　位错在中温高应力稳态蠕变期间切入 γ′ 相的示意图
(a)位错在{111}面滑移;(b)位错分解为不全位错加层错;(c)位错的交滑移

　　此外,位错剪切进入 γ′ 相后,与溶质原子 W、Mo 相遇,其较大的原子半径可增加位错运动的阻力,故可致使位错由{111}面交滑移至{010}面形成 K-W 锁,示意图如图 4.20(c)所示,其中{111}面为主滑移面,{010}为交滑移面。蠕变期间,位错首先在{111}面滑移,如图中箭头 1 所示,之后位错由{111}面交滑移至{010}面,如图中箭头 2 所示,此时即已形成 Kear-Wilsdorf(K-W)锁这一位错组态,该位错为具有非平面芯结构的不动位错,可以抑制位错的滑移和交滑移,从而提高合金的蠕变抗力。随蠕变持续进行,在热激活的作用下,K-W 锁中位错可被激活重新交滑移至{111}面,如图中箭头 3 所示。一旦该位错被激活重新交滑移至{111}面,则

K-W 锁的作用消失,合金的蠕变抗力随之降低。

合金在高温/低应力蠕变期间,在施加应力的瞬间,合金产生瞬间应变,此时合金中大量(1/2)<110>位错在(基体通道中滑移,导致合金的蠕变应变速率增大。此时,因大量位错增殖使其产生加工硬化效应,可致使合金的应变速率降低。随蠕变进行,合金中 γ′相转变为筏状结构,在热激活的作用下,位错可通过攀移方式越过筏状 γ(相,可减缓因位错塞积而产生的应力集中,以上描述对应于蠕变曲线的第一阶段,该阶段时间较短,一般不超过 20 小时。在该阶段,蠕变的应变速率可以由式(4.6)表示。

$$\dot{\varepsilon} \propto \bar{\nu} \propto \frac{\rho \cdot b}{\alpha (\theta \cdot \varepsilon / \Delta \sigma)^2} \tag{4.6}$$

式中,$\Delta\sigma$ 表示位错攀移一个台阶产生的内应力变化;ρ 表示位错密度;α 表示一个位错攀移需要的时间;$\bar{\nu}$ 表示位错运动的平均速度;b 表示柏氏矢量;ε 表示应变量;θ 表示硬化系数。

当加工硬化与回复软化达到平衡时,合金的蠕变进入稳态阶段,在稳态蠕变期间,合金的应变速率保持恒定,时间较长,处于合金的真实服役阶段。该阶段,立方 γ′相已经转变为筏状结构,位错在基体中滑移和攀移越过 γ′相,是稳态蠕变期间的变形机制。

位错攀移越过筏状 γ′相的示意图,如图 4.21 所示。图中双箭头所示为施加应力轴方向,深色区域为 γ′相,"⊥"刃型位错,H 为 γ′相厚度,h 为攀移高度。蠕变初期,大量位错在 γ 基体中沿着{111}面<011>方向滑移至 γ/γ′两相界面,其界面区域的晶格错配力可阻碍位错剪切进入 γ′相。

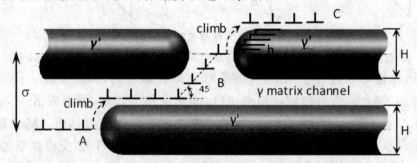

图 4.21 稳态蠕变期间位错攀移越过筏状 γ′相的示意图

蠕变进入稳态阶段,γ′相形成筏状结构,γ/γ′两相界面存在大量位错网,基体中滑移的位错可与位错网发生反应,改变原来位错的运动方向,促使位错沿着位错网的割阶攀移至另一滑移面,如图中 A→B 或 B→C 所示。由于位错的攀移伴随着空位的扩散,且位错每吸收或放出一个空位,则相应的位错可攀移一个空位的高度,位错的攀移速度决定于位错线周围空位的浓度梯度,故空位的形成和扩散是位错攀移的控制性因素。

合金在蠕变期间割阶的浓度为:

$$C_j = \frac{b}{x} = \exp\frac{-U_j}{kT} \tag{4.7}$$

式中,C_j 为割阶的浓度,U_j 为割阶形成能,k 为 Boltzmann 常数,T 为温度。由于空位浓度与割阶呈正比例关系,故空位浓度可表示为:

$$C_0 \propto C_j = A' \exp(-\frac{U_j + U_v}{kT}) \tag{4.8}$$

式中,U_v 为空位形成能,A' 为常数。位错攀移速率与空位的扩散流量有关,其空位的扩散流可表示为:

$$V = A' \cdot J = A'D_V n \cdot \sigma \cdot B^3 \exp(-\frac{U_j + U_v}{kT}) \tag{4.9}$$

式中,J 为空位的扩散流量,D_V 合金元素的扩散系数,n 为位错的数量,B^3 为一个空位的体积。合金在高温/低应力稳态蠕变期间,促使位错攀移越过 γ' 相所需的临界拉应力 σ,可表示为:

$$\sigma = \frac{\mu \cdot b}{8\pi(1-\upsilon)H} \tag{4.10}$$

式中,μ 为剪切模量,b 为柏氏矢量,H 为筏状 γ' 相厚度,υ 为泊松比。将式(4.10)带入式(4.9),可得应变速率为:

$$V = \frac{A'D_v \cdot h \cdot B^3(\mu \cdot b)^2}{[8\pi(1-\upsilon)H]^2} \exp(-\frac{U_j + U_v}{kT}) \tag{4.11}$$

故最终求得合金在稳态蠕变阶段的应变速率($\dot{\varepsilon}$)为:

$$\dot{\varepsilon} = A''(\frac{V}{h}) = \frac{A \cdot D_v \cdot h \cdot B^3(\mu \cdot b)^2}{(1-\upsilon)^2 H^3} \exp(-\frac{U_j + U_i}{kT}) \tag{4.12}$$

式中:A''—修正后的常数。可以看出:稳态蠕变期间的应变速率($\dot{\varepsilon}$)与筏状 γ' 相厚度(H)有关,随 H 增大,位错攀移高度增大,合金在稳态蠕变阶段的应变速率降低,蠕变抗力增大。

参考文献

[1]王明罡.元素 Re 对单晶镍基合金 TCP 相形态及蠕变行为的影响[D].沈阳:沈阳工业大学,2010.

[2]Tian C,Xu L,Cui C,et al. Creep Mechanisms of a Ni-Co-Based-Wrought Superalloy with Low Stacking Fault Energy[J]. Metallurgical and Materials Transactions A,2015,46(10):4601-4609.

[3]Kamaraj M. Rafting in single crystal nickel-base superalloys-An overview [J]. Sadhana,2003,28(1-2):115-128.

[4]Nathal M V,Ebert L J. Elevated temperature creep-rupture behavior of the singlecrystal nickel-base superalloy nasair 100[J]. Metall Trans,1985,1 (3): 427-437.

[5]Tien J K,Copley S M. The effect of uniaxial stress on the periodic morphology of coherent gamma prime precipitates in nickel-base superalloy crystals [J]. Metallurgical Transactions,1971,2(1):215-219.

[6]Pollock T M,Argon A S. Directional coarsening in Nickel-base single crystals with high volome fractions of coherent precipitates[J]. Acta Metallurgica &. Materialia,1994,42:1859-1872.

[7]沙玉辉.镍基单晶高温合金高温变形、定向粗化及疲劳裂纹扩展行为的研究[D].沈阳:中国科学院金属研究所,1999.

[8]Liu J L,Jin T,Sun X F,et al. Anisotropy of stress rupture properties of a Ni base single crystal superalloy at two temperatures[J]. Materials Science and Engineering A,2008,479:277-284.

[9]Darolia R,Walston W S,Nathal M V. NiAl alloys for turbine airfoils[J]. Superalloy 1996,Metal Park:TMS,1996:561-570.

[10]彭志方,严演辉.镍基单晶高温合金 CMSX-4 相形态演变及蠕变各向异性 [J].金属学报,1997,33(11):1147-1154.

[11]彭志方.一种镍基单晶高温合金中沉淀的定向粗化[J].金属学报,1995, 31(12):531-536.

[12]Kondo Y,Kitazaki N,Namekata J,et al. Effects of Aging and Stress Aging on Creep Resistance of Single Crystal Ni-base Superalloy CMSX-4[J]. Tetsu-to- Hagane,2009,80(7):568-573.

[13]Mughrabi H,Biermann H,Ungar T. Creep-induced local lattice parameter changes in a monocrystalline nickel-base superalloy[J]. Journal of Materials Engineering and Performance,1993,2(4):557-564.

[14]Tetzlaff U,Mughrabi H. Enhancement of the High-Temperature Ten-

sile Creep Strength of Monocrystalline Nickel-Base Superalloys by Pre-rafting in Compression[J]. Acta Materialia,2000,16(5):273-282.

[15]Pearson D D,Lemkey F D,Kear B H. Stress coarsening of γ' and its influence on creep properties of a single crystal superalloy[C]. Superalloys,1980: 513-520.

第 5 章　镍基单晶高温合金的损伤机制

高温合金往往制成航空发动机和汽轮机的热端零部件,如涡轮叶片、导向叶片和涡轮盘等。涡轮叶片在高温工作过程中要承受很大的离心应力,而涡轮转子高速旋转使涡轮盘的自身质量产生相当大的离心负荷,安装在盘上的涡轮叶片经受的离心应力也传至涡轮盘上。二者叠加使涡轮盘承担的离心应力更大。因此,高温离心拉应力的长期作用使高温蠕变成为高温合金零件不可避免的现象。同时涡轮叶片和涡轮盘在飞机反复起飞—巡航—降落过程中,经受应力应变循环产生低周劳损伤,而且还要经受气动负荷和各种振动负荷引起的高周劳损伤,而导向叶片在工作过程中承受严重的冷热疲劳。所以高温疲劳是高温合金热端零件必然要遇到的另一力学行为。实际应用的高温合金零件在发动机中工作时受力更复杂,往往出现蠕变疲劳叠加现象,高温燃气腐蚀又进一步加速零件的损伤破坏,出现蠕变—疲劳—环境交互作用。本章将主要介绍高温合金的高温蠕变的断裂机制并简要介绍合金的其他损伤机制。

5.1　合金在蠕变期间的损伤和断裂特征

5.1.1　合金在中温蠕变期间的损伤和断裂特征

一种镍基单晶高温合金(第 4 章中所设计的合金)经 800℃/780MPa 蠕变165h 断裂后的组织形貌,如图 5.1 所示,图中双箭头所示为施加应力方向。图 5.1 (a)为合金表面的单取向滑移组织形貌图,滑移迹线方向与应力轴方向呈 45°角,如图中白色箭头所示。滑移区域由多条滑移线组成,称为滑移带,滑移带的宽度如图中黑色平行线所示,滑移带两侧的区域受力方向相反,滑移带区域内的组织受到剪切应力的作用,使其发生扭曲。

合金远离断口区域的双取向滑移组织形貌,如图 5.1(b)所示。箭头 1 标注为初始滑移迹线,其优先激活并开动,之后次滑移线被激活,如图中箭头 2 标注所示。次滑移系可切割主滑移系,致使主滑移迹线向下偏转。主次滑移系交替开动,致使滑移带中的组织发生更为严重的扭曲,导致裂纹的萌生。合金在近断口区域双取向滑移的组织形貌,如图 5.1(c)所示。由图可以看到,滑移带区间内的组织扭曲程度加剧,同时有大量裂纹萌生于 γ/γ' 两相的界面。

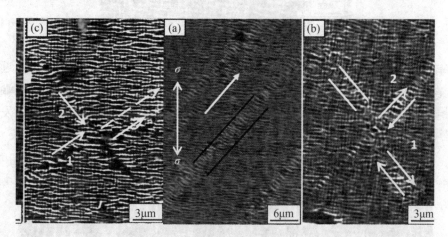

图 5.1　合金在 800℃/780MPa 蠕变 165h 断裂后,合金表面的滑移迹线
(a)单取向滑移;(b)双取向滑移;(c)滑移迹线的交结

合金经 800℃/780MPa 蠕变断裂后,近断口区域的组织形貌,如图 5.2 所示。由图可以看出,蠕变断裂后,合金中 γ' 相仍然保持立方体形态,有微裂纹出现在 γ/γ' 两相界面,其微裂纹分布在该区域的不同横断面,裂纹的撕裂方向与应力轴垂直,如图中白色横线所示,滑移带方向与最大剪切力方向平行,与应力轴呈 45°角,如图白色斜线所示。分析认为,蠕变后期,合金的不同横截面均发生裂纹的萌生与扩展,使合金承载的有效面积减小,导致施加恒定载荷的有效应力增加,当不同横断面的裂纹扩展至相近,使其沿最大剪切应力方向出现撕裂棱,并使不同横断面的裂纹由撕裂棱相互连接,故导致合金发生宏观的失稳蠕变断裂。

合金经 800℃/780MPa 蠕变 165h 断裂后,在近断口区域发生裂纹萌生与扩展的形貌,如图 5.3 所示,图中白色双箭头为施加应力轴方向。蠕变后期,随着主/次滑移系的交替开动,γ/γ' 两相界面出现空位,随空位的增多并聚集,使其在 γ/γ' 两

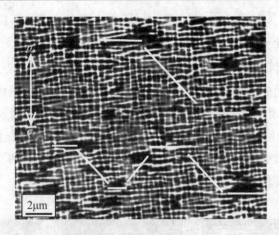

图 5.2　近断口区域横断面中多处裂纹的萌生与扩展

相界面发生裂纹的萌生,如图 5.3(a)中白色箭头所示。随着蠕变进行,在近裂纹区域,γ'/γ 两相明显扭曲,裂纹沿与应力轴垂直的方向扩展,其中,裂纹两端呈现尖端形态,并在该区域发生应力集中,同时裂纹两侧区域的 γ'/γ 两相组织发生扭曲变形。

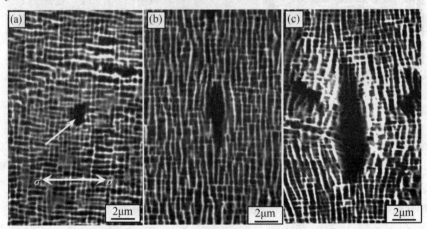

图 5.3　800℃/780MPa 蠕变 165h 断裂后,近断口区域的裂纹萌生与扩展

(a)裂纹的萌生;(b)裂纹的生长;(c)裂纹的扩展

随蠕变进行,裂纹沿垂直于应力轴方向的尖端区域扩展,使裂纹尺寸增大,而裂纹两侧发生位移,使裂纹的宽度增加。此时,近孔洞区域的组织已严重形变,并有其他裂纹萌生与扩展。随着裂纹的逐渐扩展并连通,合金承载的有效面积减小,蠕变抗力急剧降低,故合金在蠕变后期应变速率增大直至发生宏观蠕变断裂。

合金经 800℃/780MPa 蠕变 165h 断裂后,其断口形貌,如图 5.4 所示,垂直于纸面方向为施加应力轴的[001]取向。合金蠕变断裂后的低倍断口形貌,如图 5.3 (a)所示,可以看出,合金断口上分布着诸多正方形,且尺寸约为 $20\sim40\mu m$ 的小平面,正方形的四个边与<110>方向平行,如图中白色箭头所示。不同正方形平面分处于不同高度,表明该平面分布于样品不同的横断面,不同横断面的平面由韧窝或撕裂棱连接,如图中黑色箭头所示。正方形平面的中心区域存在一细小孔洞,分析认为,该孔洞为合金蠕变期间的裂纹源,蠕变期间该裂纹源萌生于立方 γ/γ' 两相的界面,并在(001)面沿<110>方向扩展所致。

图 5.4　合金蠕变断裂后的断口形貌

(a)低倍形貌;(b)高倍形貌

合金经 800℃/780MPa 蠕变条件下断裂后,另一断口区域的放大组织形貌,如图 5.4(b)所示,可以看到,断口区域存在若干不规则的正方形平面,各平面具有不相同尺寸,约为 $20\sim40\mu m$,如图中 A,B,C,D,E 区域所示。各正方形小平面存在于断口的不同高度,相邻正方形平面由撕裂棱相连,如图白色箭头所示。正方形平面中心处有一小圆孔,圆孔周围存在放射性条纹,如图中黑色箭头所示。

分析认为,当合金蠕变进入后期,随着主/次滑移系的交替开动,使大量位错切入 γ' 相,导致 γ' 相连续性遭到破坏,合金的蠕变抗力降低,致使立方 γ/γ' 两相的界面出现孔洞,随蠕变进行,孔洞数量增多,并相互连接形成裂纹源,即为各正方形平面中间区域的孔洞,之后,随裂纹扩展,可形成孔洞周围的放射性条纹。当不同横断面的裂纹扩展至相近,使其沿最大剪切应力方向出现撕裂棱,并使不同横断面的裂纹由撕裂棱相互连接,故导致合金发生宏观的失稳蠕变断裂。其断口中的撕裂棱,如图 5.4(b)中的白色箭头所指,撕裂棱方向为施加载荷的最大剪切应力方向,与应力轴呈 45°角,这与图 5.2 中的白色斜线相一致。

设计另一种镍基单晶高温合金,即在原有合金的基础上,加入 2%Ru 元素。同样对合金进行蠕变断裂机制的研究。合金经 800℃/780MPa 蠕变断裂后,近断口区域裂纹萌生与扩展的组织形貌,如图 5.5 所示。蠕变后期,合金中主/次滑移系交替开动,剪切进入筏状 γ/γ′ 两相,并沿应力轴方向发生较大塑性变形,同时在筏状 γ/γ′ 两相界面产生空位或孔洞。随蠕变进行,空位和孔洞的数量增多并聚集,导致微裂纹萌生于筏状 γ/γ′ 两相的界面,如图 5.5(a)所示。

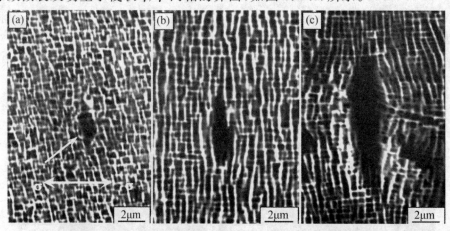

图 5.5　2%Ru 合金经 800℃/780MPa 蠕变断裂后在近断口区域的显微组织
(a)裂纹的萌生;(b)裂纹的生长;(c)裂纹的扩展

　　微裂纹萌生后,其裂纹尖端区域将产生应力集中,随蠕变进行,并导致裂纹沿垂直于应力轴方向扩展,如图 5.5(b)所示,可以看到,近裂纹区域 γ′ 相发生较为严重的扭曲,并使承载的有效面积减少,有效应力增加。随蠕变继续进行,较大的有效应力使裂纹进一步沿垂直于应力轴的方向扩展,其中,裂纹中部的尺寸较大,尖端尺寸较小。由于裂纹使合金承载的有效承载截面减小,有效应力增大,所以在裂纹周围,筏化 γ′ 相的扭曲程度加剧,同时伴随有新裂纹的萌生。随裂纹不断萌生与扩展,相邻裂纹互相连通,合金承载的有效截面减小,致使合金的蠕变抗力降低,直至发生蠕变断裂,是合金的蠕变损伤与断裂机制。

　　由于铸态 2%Ru 合金存在圆形孔洞组织缺陷,该缺陷在不同蠕变状态下有不同的形态。在蠕变稳态阶段及蠕变断裂后,合金中孔洞的形貌,如图 5.6 所示。合金在 780℃/800MPa 蠕变稳态阶段,孔洞的形貌如图 5.6(a)所示。由图可以看到,合金中孔洞呈现球形,直径约为 5μm。由于蠕变仍处于稳态阶段,所以合金中 γ′ 相仍保持较好的立方体形态,以及规则的排列,但孔洞周围的 γ′ 相已发生扭折变形。在同样条件下,合金蠕变断裂后,近断口区域的孔洞形貌,如图 5.6(b)所示,图中双箭头所示为施加应力轴方向。由此可以看到,孔洞的形态已发生明显变化,孔洞的中间区域仍然呈现球形,但在其两侧出现了裂纹,其裂纹尖端易于产生应力集中。随蠕变进行,裂纹沿 γ/γ' 两相界面扩展,使孔洞尺寸增大。其中,孔洞的中心球形区域的直径达到 $14\mu m$,与前者相比,蠕变断裂后,孔洞的尺寸增大了近 3 倍,孔洞两侧的尖端区域尺寸约为 $20\mu m$。

随着孔洞尺寸的增加,合金承载的有效横截面积减少,孔洞区域所承受的应力增大,所以,在蠕变后期近孔洞区域的 γ' 相扭曲加重,γ' 相的排列不再规则,其中,裂纹可在孔洞区域萌生,如图中白色箭头所示。随蠕变进行,相邻孔洞或裂纹经撕裂棱相互连接,导致合金的蠕变抗力进一步降低,直至发生蠕变断裂,其中,撕裂棱形貌如图 5.6(b)中黑色箭头所示。分析认为,孔洞是合金的铸造缺陷,该缺陷无法消除,并在蠕变期间可导致近孔洞区域的 γ' 相发生扭折,近孔洞区域的 γ' 相由于承受更大应力,因此孔洞是合金蠕变期间优先成为裂纹的薄弱环节,裂纹可优先在孔洞或近孔洞区域萌生和扩展。

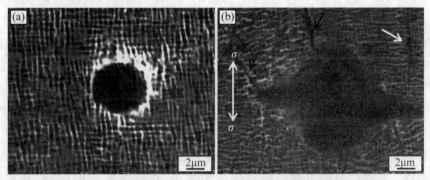

图 5.6　2%Ru 合金在 780℃/800MPa 蠕变不同时间的孔洞形貌
(a)蠕变稳态阶段;(b)蠕变断裂后

2%Ru 合金经 780℃/800MPa 蠕变断裂后,断口区域的组织形貌,如图 5.7 所示。图 5.7(a)为合金断口的组织形貌,垂直于纸面的方向为[001]方向,即施加应力方向。观察表明,断口形貌呈现河流状的解理特征,图中解理形貌为阶梯状,整体形貌与应力轴呈 45°。在图中还可以观察到圆形孔洞,尺寸约为 $10\mu m$,分析认为,该孔洞为合金中裂纹扩展或原始孔洞扩展所致。

合金经 780℃/800MPa 蠕变断裂后,另一断口区域的组织形貌,如图 5.7(b)所示。由图可以看到,合金中存在大量正方形或类正方形平台,平台尺寸均不相同,A 平台为尺寸最大的平台,其边长约为 $30\mu m$,如图中 A,B,C 等区域所示。这些平台中心均有圆形小孔,尺寸约为 $5\sim10\mu m$。不同平台之间由撕裂棱相连,撕裂棱与应力轴方向呈 45°角,如图中白色箭头所示。

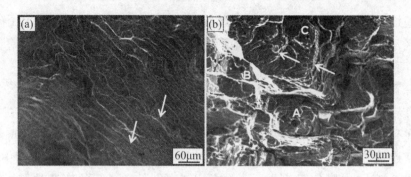

图 5.7 合金蠕变断裂后的断口形貌

(a)宏观断口形貌;(b)放大形貌

在样品(100)面的组织形貌,如图 5.8(a)所示,图中[001]方向为施加应力方向。由图可以看到,合金中存在与应力轴呈 45°角的裂纹,裂纹长度约为 30μm。分析认为,该裂纹为原来的滑移迹线,随蠕变进行,合金的应变增大,致使该区域的 γ′相扭曲加剧,直至使原来的滑移迹线转变成裂纹,该裂纹与图 5.7(a)中的河流状解理形貌相对应。

图 5.8(b)为另一区域的组织形貌图,图中[001]方向为施加应力轴方向。由图可以看到,合金中存在大量裂纹,裂纹呈枣核形,与应力轴方向垂直,尺寸约为 5~8μm。同时观察到,合金中存在大量滑移迹线,滑移迹线与应力轴呈 45°角,如图中白色线段所示。分析认为,随蠕变进行至加速阶段,γ/γ′两相界面处产生裂纹的萌生与扩展,不同截面的裂纹由滑移迹线相连接,在蠕变断裂的瞬间,滑移迹线使 γ/γ′两相界面沿 45°发生瞬间撕裂,所形成的组织形貌,如图 5.7(b)中白色箭头所示的撕裂棱。图 5.8(b)中的水平方向裂纹与图 5.7(b)平台中心的孔洞相对应。

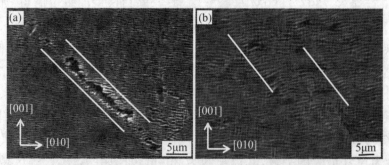

图 5.8 合金蠕变断裂后,在(100)面的组织形貌

(a)沿滑移迹线形成裂纹;(b)不同横截面的多个裂纹萌生

合金在蠕变后期,大量位错聚集在 γ′相界面,产生应力集中,当应力值大于 γ′相屈服强度时,位错可剪切进入 γ′相,并在被剪切的 γ′相内形成剪切带,并使 γ′相

内的原子发生错排,激活的滑移带与应力轴呈 45°角分布,两滑移带交替开动,致使裂纹在 γ/γ′两相界面萌生,示意图如图 5.9 所示。图中双箭头方向为施加的应力轴。

图 5.9(a)为初始滑移系被激活的示意图,图中 W 为滑移带宽度,滑移带与应力方向约呈 45°角。图 5.9(b)为主/次滑移系的交互切割,次滑移系切割主滑移系,随蠕变进行,主滑移系被激活,主滑移系切割次滑移系,如图 5.9(c)所示。图中 a 为裂纹扩展宽度,2c 为裂纹扩展长度。

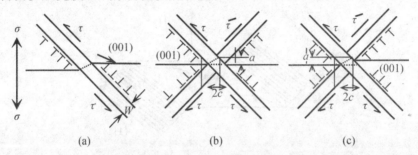

图 5.9　蠕变期间滑移系交替激活促使裂纹萌生的示意图
(a)激活的初始滑移系;(b)主/次滑移系的交互作用;(c)主滑移系再次激

分析认为,随蠕变进行,因两滑移系交替激活而产生的应力集中可通过裂纹的萌生和扩展而释放,这是一个非热激活的过程。在主/次滑移系交替割阶之处易产生裂纹的萌生。同时,所形成裂纹的稳定性与形成裂纹所需的能量有关,其中,形成裂纹所需的能量可表式为:$\Delta G = \Delta G_W + \Delta G_S + \Delta G_E + \Delta G_P$,这里,$\Delta G_E$ 表示弹性应变能的变化,ΔG_P 表示势能的变化,ΔG_W 表示裂纹位移的能量变化,ΔG_S 表示形成裂纹的表面能变化。在平面应变条件下,形成长度为 $2c$ 裂纹的自由能变化可表示为

$$\Delta G = \frac{\mu \cdot a^2}{4\pi(1-\nu)}\ln(\frac{2L}{c}) + 2\eta \cdot c - \frac{\pi(1-\nu)\sigma^2 c^2}{2\mu} - \sigma \cdot a \cdot c \qquad (5.1)$$

式中,σ 为施加的应力;η 为比表面能;μ 为剪切模量;ν 为泊松比。当系统的自由能达最小值时,可使形成的微小裂纹稳定存在,根据 $(\partial \Delta G/\partial c) = 0$ Z,计算出裂纹可以稳定存在的最小长度(c)由下式表示:

$$c = \frac{G\eta}{\pi(1-\nu)\sigma^2}\left[(1 - \frac{\sigma a}{2\eta}) \pm (1 - \frac{\sigma a}{\eta})^{1/2}\right] \qquad (5.2)$$

根据方程式(5.2)可以计算出,当 $\sigma > \eta/a$ 时,裂纹的扩展可以发生。因此,根据 $\sigma = \eta/a$,裂纹可以扩展的临界长度(c_c)可以定义为

$$c_c = \frac{\mu \cdot a^2}{2\pi(1-\nu)\eta} = K \frac{a^2}{\eta} \qquad (5.3)$$

这表明，蠕变期间裂纹可以失稳扩展的临界尺寸正比于裂纹伸长位移的平方和比表面能的比值。

合金在中温/高应力蠕变断裂后，在断口区域存在正方形小平面，如图 5.4 所示。正方形小平面中心处有孔洞，孔洞周围存在放射性条纹，不同小平面由撕裂棱相连接。Sherry 等人对合金断裂机制研究认为，裂纹主要萌生于微孔或原始铸造的圆孔缺陷，随后发生裂纹的扩展，最后通过{111}主滑移面将这些微裂纹互相连接，直至断裂。图 5.10 为正方形小平面的示意图。

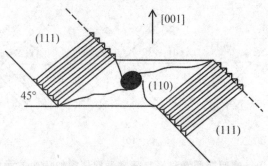

图 5.10　蠕变断裂期间形成方形小平面的示意图

5.1.2　合金的高温蠕变期间的损伤和断裂特征

一种镍基单晶高温合金（第 4 章中所设计的合金），经 1 070℃/137MPa 蠕变 239 h 断裂后，近断口区域筏状 γ/γ′两相的界面裂纹的萌生与扩展形貌如图 5.11 所示，图中双箭头所示为施加应力的方向。

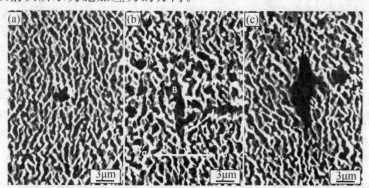

图 5.11　合金经 1 070℃/137MPa 蠕变 239h 断裂后，近断口区域的裂纹萌生与扩展

（a）裂纹的萌生；（b）裂纹的生长；（c）裂纹的扩展

分析认为，在蠕变的后期，大量位错在基体中滑移，滑移至筏状 γ′相界面处受阻并塞积，形成应力集中，随应力集中的数值增大至超过合金的屈服强度时，筏状

γ′/γ 两相界面的位错网遭到破坏,此时位错可沿相界面剪切进入 γ′相。同时,主/次滑移系位错的交替开动,可导致筏状 γ′相发生扭曲,最终使 γ/γ′两相界面形成微孔,如图 5.11(a)区域 A 所示。

随蠕变继续进行,筏状 γ/γ′两相界面的微孔逐渐聚集并形成微裂纹,该裂纹沿与应力轴垂直方向,发生裂纹的扩展,其中在裂纹尖端区域可再次产生应力集中,如图 5.11(b)中区域 B 所示。随蠕变的进行,裂纹的扩展可使其形成宏观大尺寸裂纹,如图 5.11(c)所示,随后,裂纹发生持续扩展直至发生合金的蠕变断裂,是合金在高温蠕变期间的断裂机制。

合金在 980℃/200MPa 蠕变 183h 断裂后,裂纹萌生与扩展的组织形貌,如图 5.12 所示。图 5.12(a)为裂纹的萌生,可见,裂纹萌生于 γ/γ′两相界面处,裂纹两端存在尖端,如图中白色箭头所示,A,B 两区域均为裂纹,其中 A 裂纹为刚萌生,B 裂纹已经开始生长。图 5.12(b)为裂纹的生长,可以看到,两个裂纹的尺寸明显增大,裂纹扩展区域尺寸约为 2μm(垂直应力轴方向)。随蠕变进行,两个裂纹进一步扩展,并相互连通。以上实验结果表明,裂纹萌生于相界面,随蠕变进行,相邻裂纹随扩展进行可至相互连通,进一步促进裂纹的扩展,最终导致合金蠕变抗力降低。

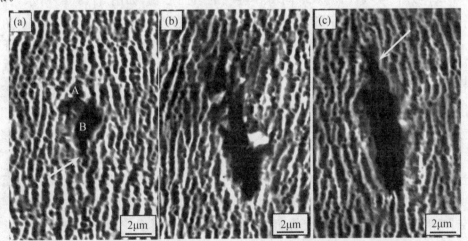

图 5.12　合金经 980℃/200MPa 蠕变 183h 断裂后,近断口区域的裂纹萌生与扩展
(a)裂纹的萌生;(b)裂纹的生长;(c)裂纹的扩展

设计另一种镍基单晶高温合金,即在原有合金的基础上,加入 2%Ru 元素。经 1 100℃/137MPa 蠕变断裂后,合金表面滑移迹线的形貌,示于图 5.13,图中白色双箭头方向为施加应力方向。试样近断口区域出现单取向滑移迹线的形貌,如

图 5.13(a)所示,滑移迹线的方向与应力轴方向呈 45°角。白色平行线之间的区域为滑移带,平行线宽度即为滑移带宽度。由图可以看出,滑移带区域的组织已发生了明显扭曲,这归因于滑移带两侧组织分别受到相反方向的剪切应力所致。分析认为,蠕变期间,合金所受最大剪切应力方向与施加载荷呈 45°角,因此,最大剪应力方向与滑移迹线方向相同。

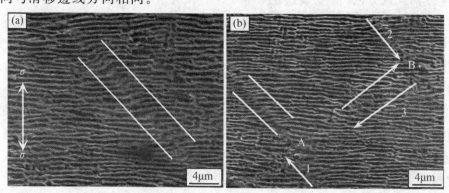

图 5.13   2%Ru 合金经 1 100℃/137MPa 蠕变断裂后的表面滑移迹线
(a)单取向滑移迹线;(b)双取向滑移迹线

在试样另一区域,出现双取向滑移迹线的表面形貌,如图 5.13(b)所示,其中,数字 1,2 为主滑移系,数字 3 为次滑移系,三个滑移系方向均与应力轴呈 45°角,数字 1,2 滑移系与数字 3 滑移系之间的交角为 90°。蠕变期间,主滑移系首先开动,然后,次滑移系开动,当开动的次滑移切割穿过主滑移系时,两滑移系发生切割,其交割区域如字母 A,B 区域所示。由图可以看到,两区域的组织已发生扭曲变形,次滑移系切割主滑移系后,使主滑移系的滑移迹线发生错位。随蠕变进行,在滑移系交互作用区域的 γ/γ′ 两相界面可发生裂纹的萌生与扩展。当不同横断面多个裂纹扩展,使其经撕裂棱相互连接时,合金可发生蠕变的失稳断裂。

合金近断口区域的裂纹扩展形貌,如图 5.14 所示。组织观察可以发现,无 Ru 和 2%Ru 两种合金的断裂机制基本相同,均是 γ/γ′ 两相界面出现空位,随蠕变进行,空位增多并聚集,发生裂纹的萌生,如图 5.14(a)所示。随蠕变进行,裂纹继续生长,裂纹的尖端区域产生应力集中,使裂纹的尖端区域延伸,并沿垂直于应力轴方向扩展。随蠕变进行,裂纹继续扩展,最终可形成类"枣核"形裂纹,如图 5.14(c)所示,此裂纹长度约为 20μm,宽度约为 3μm。与无 Ru 合金的裂纹扩展形貌相比,2%Ru 合金中的筏状 γ′ 相形貌更加完整、连续性较好、扭曲程度减小。

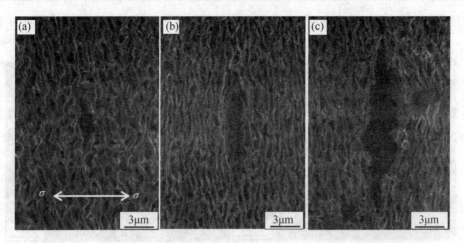

图 5.14　2％Ru 合金经 1 100℃/137MPa 断裂后近断口区域的显微组织
(a)裂纹的萌生；(b)裂纹的生长；(c)裂纹的扩展

合金经 1 100℃/137MPa 蠕变 125h 断裂后，局部区域的孔洞形貌，如图 5.15 所示，图中双箭头为施加应力轴方向。合金蠕变断裂后，远离断口区域的孔洞组织形貌图，如图 5.15(a)所示。可以看到，孔洞呈球形，尺寸约为 6μm。该区域的 γ′ 相已经形成了 N 型筏状结构，孔洞使连续的 γ′ 相中断，同时，在孔洞周围的 γ′ 相已发生扭折。

图 5.15(b)为蠕变断裂后，近断口区域的孔洞形貌。由图可以看到，孔洞的形状已发生变化，在孔洞的两侧存在裂纹，表明裂纹可沿着孔洞尖端延伸(与应力方向垂直)，并沿垂直于应力轴方向扩展，使孔洞的尺寸增大，其中，沿平行于应力轴方向尺寸约为 10μm，沿垂直于应力轴方向尺寸约为 14μm。此外，近断口区域的 γ′ 相已发生粗化并扭曲，尤其近孔洞区域 γ′ 相扭曲程度严重。分析认为，孔洞是合金的铸造缺陷，孔洞的存在破坏组织连续性。因此，孔洞是合金蠕变强度的薄弱环节，可视为合金蠕变期间的有效裂纹源。

当铸态合金中存在孔洞时，蠕变期间，γ/γ′ 两相界面逐渐出现空位，之后发生空位聚集并形成微孔洞，随蠕变进行，微孔洞沿垂直应力轴方向相互连接，形成裂纹，裂纹的萌生与扩展使裂纹相互连通，导致承载的有效横截面积减小，有效应力增大，直至发生合金宏观蠕变断裂，以上描述如图 5.15 所示为单晶镍基合金的断裂机制。除 γ/γ′ 两相界面发生萌生裂纹外，合金中的原始孔洞也是合金高温蠕变强度的薄弱环节。组织观察发现，蠕变初期，孔洞仍然保持球状形态，孔洞周围的筏状 γ′ 相保持完整形态；蠕变后期，孔洞形貌发生如下变化：①孔洞两侧(与应力轴垂直方向)出现尖端裂纹。②孔洞周围的 γ′ 相发生扭曲变形。计算显示合金在

1 100℃/137MPa蠕变期间,合金中近孔洞区域应力分布随蠕变时间的变化规律如图 5.16 所示,图中左侧数值单位为 MPa。

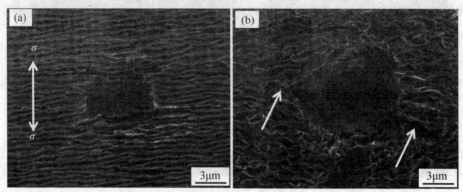

图 5.15　2%Ru合金经 1 100℃/137MPa 蠕变断裂后的孔洞缺陷形貌
(a)远离断口区域;(b)近断口区域

图 5.16(a)、(b)、(c)分别为合金蠕变 7h,50h,105h,近孔洞区域的应力分布情况变化。由图可以看到,在蠕变的任何阶段,区域 b 均具有应力最大值。蠕变 7h,区域 b 的应力值为 119MPa;蠕变 105h 时,区域 b 的应力值为 256MPa;蠕变 50h,区域 b 的应力值为 439MPa。这表明,随蠕变进行,区域 b 应力值逐渐增大,当增大至 439MPa 时,已经大于合金的屈服强度,故可导致 b 区域发生裂纹的扩展,直至发生蠕变断裂。这与图 5.15 观察结果相吻合。

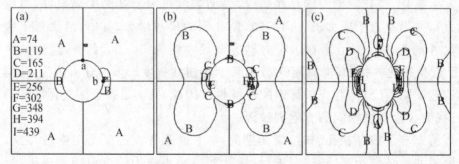

图 5.16　在 1 100℃/137MPa 条件下,应力在近孔洞区域随蠕变时间分布的关系图
(a)7h;(b)50h;(c)105h

分析认为,孔洞极点区域处具有最大的应力分布值,故该区域易于产生应力集中。当应力集中值增加至大于该合金的屈服强度时,可致使合金中发生裂纹萌生,随蠕变进行,应力值增大,可使裂纹沿垂直于应力轴方向逐渐扩展,直至发生蠕变断裂,是合金蠕变期间的蠕变损伤与断裂机制。

5.2　高温合金的氧化、腐蚀与防护

5.2.1　高温合金的氧化

高温合金的氧化是指高温合金与氧化性介质反应生成氧化物的过程。在高温环境下,氧化反应急剧加速,对高温合金零件具有破坏性。研究和掌握高温合金的氧化规律,对于正确使用高温合金,改进老合金和发展新合金都具有重要意义。金属高温氧化的定义有狭义和广义之分。前者指在高温下金属与氧化合形成金属氧化物的反应,而后者指高温下组成材料的原子、原子团或离子失去电子的过程。狭义的氧化反应是最基本最常见的,因为氧气是自然界和工业环境中最常见的气体介质,空气和水蒸气随处可见。航空发动机的某些零件需要在空气、低真空或含有微量氧的氩气中热处理,航空发动机或燃气轮机的压气机零部件,重返大气层往返式飞船等都要经受高温氧化环境作用,这些零件的氧化都属狭义的高温氧化。广义高温氧化除金属与氧气反应外,还包括高温硫化、高温卤化、高温碳化、混合气体氧化和热腐蚀等[1]。

高温合金成分复杂,主要元素常常就有十多个,而且组织也不简单。高温合金在高温氧化环境中的氧化,从热力学分析,就是合金元素发生选择性氧化。由于合金元素之间自由能相差大,在合金表面因某种元素自由能最负而发生优先选择性氧化,其氧化物是否是连续的氧化膜取决于该元素在合金表面的活度。当合金中元素分布不均匀或相分布不均,可能造成多种不同状态的元素以不同的速度同时反应。含有大量 γ' 相和 γ' 相的奥氏体合金,由于 γ 和 γ' 两相的表面热力学稳定性的差异以及它们的腐蚀速率和腐蚀产物的差异,对氧化要产生明显影响。当处于热力学稳定而无固溶倾向时,在氧化过程中可以把它看作是惰性表面,此时合金的氧化可看作是 γ 奥氏体的选择性氧化。所以高温合金氧化的特点是氧化物种类多,而且常常是分层的。当高温合金中铬、铝和硅的含量超过临界含量时,通过选择性氧化可以形成完整的 Cr_2O_3,Al_2O_3 或 SiO_2 膜。高温合金多年研究和生产使用的结果表明[2],在高温合金表面形成 Cr_2O_3 为主或 Al_2O_3 为主的氧化膜对防护高温合金进一步氧化是有效的,而且是可行的。在 900℃ 以下或者热腐蚀环境中应优先选择 Cr_2O_3 为主的氧化膜,而在 1 000℃ 以上应优先选择 Al_2O_3 为主的氧化膜。

Cr 是最重要的抗氧化和抗热腐蚀元素,加入高温合金中通过选择性氧化在表面形成 α-Cr_2O_3。高温合金中通常加入有 15% 以上的 Cr,以保证形成连续而致密的 Cr_2O_3 氧化层。高温合金 GH2135,GH4413,GH2035A,K435,K444,K446,K452 等都含有 15% 以上的铬[3],这些合金在高温都生成以 Cr_2O_3 为主的氧化膜,使合金具有良好的抗氧化性和抗热腐蚀性能。

Al 也是最重要的抗氧化性元素,在二元 Ni-Al 系中,当铝含量为 0%~6% 时,表面外层形成 NiO 膜,而内层生成 Al_2O_3 氧化物;当铝含量增加到 6%~17% 时,表面在氧化开始时形成 Al_2O_3,之后由于铝供应不足,形成 NiO+ $NiAl_2O_4$ + Al_2O_3 混合氧化物膜;当铝含量大于 17% 时,表面形成稳定的 Al_2O_3 膜,而且随着温度提高,所需的铝含量降低。高温合金通常同时含有铬和铝,由于两者的协同作用,抗氧化的改善非常明显。例如当高温合金中含有约 10% 的 Cr,Al 含量低达 5% 就可以形成稳定的表面 Al_2O_3 膜,大大低于二元 Ni-Al 合金中铝含量必须大于 17% 的要求。实际高温合金 Al 含量如果超过 5%,大多都形成 Al_2O_3 为主的内层氧化膜,起到良好的保护作用。

高温合金中加入微量(通常<1%)氧活性元素,如稀土元素、T、Zr、Hf 等,可以明显降低氧化速率,增加氧化膜与基体的黏附性。从而明显改善高温合金的抗氧化性。这种效应叫作活性元素效应。活性元素一般指的是其氧化物比基体氧化物更稳定的那些元素。氧活性元素改善高温合金抗氧化性的机制为[4]:

(1)钉扎效应。活性元素的氧化物沿晶界或者直接深入合金基体,把连续的外氧化膜与合金基体钉在一起,增加氧化膜的附着力。

(2)改善氧化膜的塑性。稀土元素及其氧化物可以细化氧化膜晶粒,也可以细化基体晶粒,增加两者,尤其是氧化物的塑性,使氧化膜中的应力通过塑性变形而消除,从而提高氧化膜的黏附性。

(3)促进 Cr_2O_3 快速大量形成。由于稀土元素可以降低 Cr^{3+} 的扩散激活能,增大扩散系数,有利于完整 Cr_2O_3 氧化膜快速形成。

(4)活性元素降低 Cr 或 Al 选择性氧化生成单一氧化膜的临界浓度,这对于氧化膜的自修复性非常有利。

(5)活性元素可以抑制有害杂质,如 S,P 等在晶界偏聚,改善氧化膜界面的结合强度等。

但对于某一具体高温合金,只能有一种或某几种机制共同作用,改善合金的抗氧化性。实际生产的高温合金中许多牌号都含有一种或两种活性元素。

高温合金氧化时都生成外氧化膜,上面讨论的情况都属外氧化。而其中大多在发生外氧化的同时,伴随着内氧化。高温合金内氧化是指高温环境中氧溶解于基体中,与合金中一种或两种以上合金元素反应,在氧化膜下的基体中生成内氧化物沉淀。形成内氧化的条件为:溶质元素的氧化物生成自由能要比基体元素氧化物的更负,而且溶质元素的浓度不应超过临界值,否则由内氧化转变为外氧化;其次,氧在基体中要有一定溶解度,而且其扩散速率大于在溶质元素中的扩散速率。

广义的氧化,除包括狭义的氧化外,还包括高温合金中的原子、原子团或离子失去电子的过程。在高温合金的使用过程往往遇到的是更加苛刻的广义高温氧化,如硫化、碳化、氯化、卤化以及热腐蚀等,其中以热腐蚀对高温合金零件影响最大。

(1)高温碳化。高温合金与碳反应的过程称为高温合金碳腐蚀或碳化。在石油化工、煤气转化或热处理炉中经常使用耐热钢或铁基、镍基高温合金。高温合金零件、容器、炉管和热交换器常处于 CO 和 CH_4 等含碳气氛中,特别是过饱和气氛中,碳原子与金属原子生成碳化物,如 M_3C,然后沉淀于 M_3C 上的碳使其分解为金属和碳,分解的金属呈粉末状,而碳则向合金内部扩散,继续进行反应。航空发动机或燃气轮机使用的燃料,如果遇到某种情况,燃烧不完全时,在火焰筒壁上产生积碳现象,同样要产生碳腐蚀。碳原子与高温合金中的 Cr 形成碳化铬,而碳化铬附近的贫铬区要发生严重氧化,使合金失效。我国在 20 世纪 50 年代,在使用国产航空煤油进行航空发动机试车的过程中,发现 GH3030 合金燃烧室内壁有坑状点腐蚀[5]。经研究发现,在燃烧室的燃烧区,燃油往往燃烧不完全,燃烧室壁由于积碳而产生了碳腐蚀。金属的碳化在多数情况下为内碳化,含铬合金易发生氧化-碳化反应,也叫绿色腐蚀。

(2)高温硫化。高温合金涡轮叶片在航空发动机或工业燃气轮机的燃气气氛中工作,气氛中往往含有 O_2,H_2O,SO_2,SO_3 等气体,在高温下叶片要经受氧化和硫化反应。许多现代技术中金属材料在高温含硫气氛中暴露,如煤转化处理气氛,要发生高温硫化腐蚀,它比纯氧化要严重得多。当环境中硫分压足够低时,只发生金属的氧化,而当氧分压足够低时,只形成金属硫化物。当两者分压都合适时,合金表面既有氧化物,也有硫化物。例如,当空气和 H_2S 构成混合 1:1 的气体在温度达到 110℃时,Nimonic80A 发生严重硫化腐蚀[6]。又如,作为高温合金涂层材料 Ni-Cr-Al-Y 合金在富氧气中仅含有 0.055% 硫,就发生严重的氧化-硫化腐蚀,膜由氧化物和硫化物组成,这种非均质的厚膜无保护能力。

(3)高温氮化。当合金在高温下暴露于含氨气氛或其他含氮气氛中要引起氮化,特别是在氧势较低的还原性气氛中更易发生。发生氮化时,合金从气氛中吸附氮,当超过氮在合金中的溶解度时,就从基体及晶界附近析出氮化物,使合金变脆。氮化物的多少取决于温度、气氛和材料的成分。镍基高温合金一般抗氮化能力强,Nimonic80A 在含有 43% 水蒸气和 1.5%~25% 氨的湿的离解氨中,于 815℃ 保持 477h 时,没有发现晶间腐蚀和显微组织变化。

(4)卤化。金属或合金在高温下与卤素气体反应生成挥发性金属卤化物,使金属材料受到严重腐蚀,其特点为反应产物熔点低,蒸气压高,不能形成产物膜,反应动力学是直线关系。

5.2.2　高温合金的热腐蚀

高温合金的热腐蚀是在高温燃气中含硫燃料和含盐环境中由于燃烧而沉积在表面的硫酸盐引起的加速氧化现象。它对高温合金零件的破坏作用比单纯高温氧化要严重得多。由于燃油中含有硫、钠等杂质,在燃烧时生成 SO_2,SO_3 等气体,与空气中的氧和 NaCl(特别是沿海或海洋上空高含量的 NaCl)等反应在零件表面沉积一层 Na_2SO_4 熔盐膜。由于高温合金零件表面往往都有 Cr_2O_3 或 Al_2O_3 氧化物保护膜,在开始的短时期内,腐蚀速率较慢,硫刚开始扩散。此后由于硫酸钠中的硫穿透氧化膜扩散到合金中形成硫化物,而氧化物溶解到盐中并在氧化膜中产生很大的生长应力而破坏氧化膜,使之变得疏松多孔,同时也使盐的成分变得更富于腐蚀性,因而引起高温合金零件加速腐蚀,甚至造成严重事故。世界上第一台用于舰艇的燃气轮机(1947 年装于英国皇家海军炮艇 MGB2009 上)遇到的突出问题之一就是发动机叶片上的积盐[7]。1955 年对船用"海神"发动机进行运转试验,发动机动叶和静叶均为 Nimonic90,运转 225h 后功率就下降,经检验,在叶片上沉积着一层无水硫酸钠。另有用燃气轮机推进的 4 艘集装箱商船,分别航行 7 250h,4 150h,2 340h 和 1 800h 后,都由于涡轮吸入盐分造成叶片损坏或性能下降。斯贝发动机用 Nimonic05 合金涡轮叶片在罗-罗公司三叉戟模拟试验时,经 622h 台架试车后,发生严重热腐蚀,叶片工作温度不超过 950℃,燃气中 S 来源于附近农民撒的化肥[8]。埃汶发动机用 Nimonic1 15 叶片,用于地面发电,经 900℃ 工作 1900h,也发生严重热腐蚀。一些合金如 Udimet500 和 Waspaloy 合金的抗热腐蚀性能较 Nimonic 合金好。但文献中也报道了这些合金制成的涡轮叶片在陆用、舰船用和航空用发动机上发生热腐蚀的实例[9],其在内陆飞行的民航发动机上也发生热腐蚀,工作温度低达 730℃ 也如此,Nimonic80A 在工作温度只有 700℃ 的情况下同样发生严重热腐蚀。解剖国外进口燃气轮机使用 5 000h 的 U7b 故障叶片时观察到,该叶片属典型热腐蚀破坏。外层为一疏松的氧化层,中间为含有金属碎粒的疏松氧化物内层,由于氧化物延伸到金属内部,使得氧化层金属界面极不规则,内层是含有硫化物颗粒的带状区,这一硫化物层是热腐蚀的最重要标志。我国航空发动机涡轮导向叶片经常出现的故障就有热腐蚀破坏。

热腐蚀可分为两类,即高温热腐蚀和低温热腐蚀。由于纯 Na_2SO_4 的熔点为 884℃,高温合金表面沉积 Na_2SO_4 时,高于 884℃,Na_2SO_4 为液态,所发生的腐蚀叫高温热腐蚀。低于 884℃,Na_2SO_4 呈固态,所发生的腐蚀为低温热腐蚀。热腐蚀的酸碱熔融机理目前为许多人所接受,酸-碱熔融模型是 20 世纪 70 年代提出的。该模型认为,在热腐蚀时,由于金属或合金的表面上形成的具有保护性的膜层,在沉积的液态熔盐中不断地被溶解而遭到破坏,造成腐蚀加速。根据保护性氧化膜的溶解方式,该模型可分为碱性熔融模型和酸性熔融模型。

环境对于热腐蚀有重要影响。由于热腐蚀过程是一种在熔融盐膜下的高温加速氧化,因此,温度、盐膜成分、环境条件以及高温合金的成分等因素均将对其产生影响。随着温度增加,热腐蚀速率加快。对某些合金热腐蚀速率在某一高温有一个最大值,例如 K438 合金在同一介质中热腐蚀,最大热腐蚀速率在 800℃ 时发生。在燃烧台架上进行热腐蚀试验时,如果喷盐的速率为恒定,随着温度的升高,在试样表面沉积的盐愈少,而热腐蚀可能会更轻。温度还可能影响热腐蚀的机理。零件表面上高温沉淀的盐膜成分也明显影响热腐蚀。尽管 Na_2SO_4 是盐膜的主要成分,但纯 Na_2SO_4 的腐蚀性并不很强,往往因为其中混有少量 NaCl,腐蚀性才大大增强。主要原因是由于 NaCl 的存在所发生的反应产生的 Cl_2 使膜发生鼓泡、开裂和剥落,致使腐蚀加速。所以试验室热腐蚀试验往往都要加入一定数量的 NaCl,以模拟零件在高温下的热腐蚀。当然其他杂质也有影响。环境中的氧化性介质也直接参与热腐蚀。O_2 是参与氧化的主要元素,SO_3,SO_2 等杂质也参与反应过程,它们存在数量的多少或分压的大小对热腐蚀过程有很大影响。

合金元素对高温合金的抗热腐蚀性有重要影响,铬便是一个非常重要的抗热腐蚀元素,其含量对抗热腐蚀性起关键作用。一般认为[10],合金中的铬含量至少要有 15%。含量更高,抗热腐蚀性更好。铬含量大于 15%,铝含量小于 5% 就可以在合金表面形成致密且黏附性好的 Cr_2O_3 保护膜。钛对抗热腐蚀性有益。合金中铬含量愈低,钛的加入量就应愈多。钽对有些高温合金的抗热腐蚀性能有良好影响,通常没有有害影响。微量稀土元素与氧的亲和力高,易在氧化膜与合金界面形成垂直于表面的条状稀土氧化物起钉扎作用,从而改善合金的抗热腐蚀性能。

铝是一个重要的抗高温氧化的元素,当合金中的铝含量超过 5%,在合金表面能形成一层性能良好的 Al_2O_3 保护膜。但高温合金表面形成的 Al_2O_3 对液态

Na_2SO_4 不能起到良好的防护作用。其他元素对抗热腐蚀性具有有害影响或影响不大。除了上述因素之外,其他因素对热腐蚀也有重要影响,如热循环和磨蚀要损害护性氧化膜;气流速度对有挥发性的氧化物有明显影响等。

5.2.3　高温合金的防护

高温合金通常都形成两类氧化膜以阻止基体的进一步氧化,一类是以 Cr_2O_3 为主的氧化膜,在 900~1 000℃ 以下具有良好的抗氧化性能和抗热腐蚀性能,另一类是以 Al_2O_3 为主的氧化膜,在 1 000℃ 以上抗氧化性良好。然而,高温合金零件不仅要承受高温,氧化、腐蚀气氛严峻和表面抗氧化元素不断贫乏的考验,而且还要经受冷热疲劳、冲刷、磨蚀等多种因素作用。因此,只靠正常高温合金中抗氧化元素通过选择性氧化形成防护性氧化膜,不足以抵抗工作环境的高温氧化和高温热腐蚀。对于形成 Cr_2O_3 为主氧化膜的高温合金虽然可以通过提高 Cr 含量来增加氧化膜的形成能力,就像大多数抗热腐蚀高温合金的 Cr 含量均在 15% 以上那样。但是,Cr 含量太高,增加合金形成 TCP 相的倾向,无法加入更高的固溶强化和沉淀强化元素以进一步提高高温合金的强度。实际高温合金设计成分时,往往优先考虑的是高温强度。例如,目前性能优异的单晶高温合金,Cr 含量已降低到 5% 以下。同样,适当增加铝含量,有利于形成 Al_2O_3 为主氧化膜的高温合金抗氧化能力的提高。但是 Al 含量同样不能大幅度提高,大多数高强度高温合金 Al 含量也只能在 5%~6% 以下,Al 含量再高,合金中要出现 NiAl 相或 Ni_2AlTi 相,使性能变脆。因此,工业生产的高温合金几乎都不能满足长期使用对抗氧化和抗热腐蚀的实际要求。目前,先进航空发动机和燃气轮机的涡轮叶片和导向叶片几乎都采用防护涂层。而且随着发动机性能的提高,进口温度愈来愈高,对防护涂层的防护性能要求越来越高,不仅要求涂层具有优异的抗高温腐蚀性能,而且还希望具有隔热效果。

随着军用和民用工业的发展,高温合金的防护涂层发展迅猛,1911 年美国专利报道了热扩散铝化物单一涂层。到 20 世纪 50 年代固体粉末渗铝用于钴基高温合金导向叶片。60 年代热扩散铝化物涂层广泛用于镍基高温合金动叶片。中国科学院金属研究所的科技人员研制成功粉末包装渗 Al 工艺,用于 K417 空心涡轮叶片制作防护层。具体工艺为 FeAl 合金粉加 1%NH_4Cl,在 850℃ 保温 5h,涂层效果良好。粉末包装渗 Al 在国内外广泛应用。以后发展了 Cr,Si 和 Pt 等改进的铝化物涂层,如 Al-Cr,Al-Si,Al-Pt 和 Pd-Al 等。国内将 Al-Si 涂层用于 DZ404 以及 DZ422,DZ438G,K409,K405 和 DZ417G 等高温合金涡轮叶片。我国还采用低压气相化学沉积工艺在先进航空发动机涡轮导向叶片上成功制备出 Al-Ti 共渗涂层。铝化物涂层制备工艺简单，成本低廉，占整个高温合金防护涂层中的 90%。70 年代以来，MCrAlY 包覆涂层开始发展。1970 年首先采用电子束物理气相沉积法，在钴基高温合金导向叶片表面制备 CoCrAlY 抗热腐蚀涂层，以后 MCrAlY 涂层发展很快。我国生产的 IC6 和 IC6A 合金导向叶片以及 DD406 单晶涡轮叶片表面都制备有 MCrAlY 涂层，MCrAlY 涂层还广泛用于热障涂层作黏结层[11]。20 世纪 70 年代初，热障涂层开始用于涡轮叶片和导向叶片。到目前为止热障涂层已发展到了第三代。我国陶瓷涂层的研究已有多年的历史了，在航空发动机涡轮叶片上还未正式采用。但是，在先进燃气轮机涡轮叶片已开始采用 Y_2O_3 部分稳定的 ZrO_2 陶瓷涂层。按高温合金高温涂层的发展历史，习惯上将涂层分为四类，即第一代涂层——铝化物涂层；第二代涂层——多元铝化物涂层；第三代涂层——MCrAlY 包覆涂层；第四代涂层——热障涂层。

第一代涂层——简单铝化物涂层。这类涂层从 20 世纪 50 年代开始使用，我国目前仍在广泛应用。镍基铸造高温合金 K417，K419，K214，K403，K4002，DZ405，DZ422 和铁基高温合金 GH2135，GH2302 和 GH2130 等合金制作的涡轮叶片都采用固体渗铝[12]。零件渗铝后表层主要成分为 NiAl，CoAl 或 FeAl，分别对应于镍基、钴基和铁基高温合金。这些铝化物在高温氧化时生成致密而牢固的 Al_2O_3 膜，可有力地阻碍高温氧化继续进行。铝化物涂层的结构与渗铝剂中铝的活度、渗铝温度、基体合金成分及后处理制度有关。当铝的活度相对于镍较低时，涂层的生长主要靠镍向外扩散，形成外扩散型涂层，或者叫低活度渗铝。当铝的活度较镍高时，渗铝过程中铝穿过初始形成的 NiAl 表层向里扩散的速度高于镍向外扩散的速度，渗铝层的生长主要靠铝向内扩散，形成内扩散型涂层，或者叫高活度渗铝。

温度对渗铝过程中铝的活度有决定性影响。在较低温度范围，如 700～850℃，铝的活度比较高，为内扩散型；相反，温度较高，如 980～100℃，铝的活度较低，获得的涂层为外扩散型。渗铝剂中的铝含量及活性剂比例对铝的活度也有明显影响。当渗铝剂中铝含量低或活性剂比例低时，常常形成外扩散型涂层。

第二代涂层——多元铝化物涂层。20 世纪 70 年代我国开展了第二代涂层的研究，即在简单铝化物涂层中加入第二元素以提高涂层的防护效果。主要有 Cr-Al，Si-Al，Pt-Al，Co-Al 等[13]。制备工艺主要有扩散型料浆渗、粉末包埋渗、低压气相渗和电镀＋渗涂等。Cr-Al 涂层主要用于改善简单铝化物涂层的抗热腐蚀性能，因为在 Na_2SO_4 中通过形成 Na_2CrO_4 溶去铬比形成 $NaAlO_2$ 溶去铝困难得多。

IN713C 等合金表面实现了 Cr-Al,Cr/RE-Al 共渗涂层。Cr-Al 涂层工艺有两步法和一步法两种。前者为预先沉积铬层于合金零件表面然后固体渗铝。后者为铬铝共渗。Si-Al 涂层是在镍基高温合金表面扩散渗 Si-Al,渗层外层由 β-NiAl 为主相,还含有少量 Ni_3Si 或 Cr_3Si 甚至富 Si 的 M_6C 和 G 相等相构成,而内层由 Ni_3Al 构成,前者含 Si 量约 8.2%,而后者含 Si 量约 0.8%。硅抑制 β 相,促使 γ' 相生长,富 Si 的 γ' 相抗热腐蚀能力随硅含量增加而大幅度提高。Pt/Al 涂层有向内生长的两相涂层 $PtAl_2$+(Ni,Pt)Al 和向外生长的单相涂层(Ni,Pt)Al 两种。两相涂层目前在西方航空工业上大量使用,作为高压轮叶片和导向叶片的标准扩散涂层,它的高温抗氧化能力比其他铝化物涂层提高 2—5 倍。主要原因是 $PtAl_2$ 相伸入到氧化膜中增加 Al_2O_3 膜的附着力。

第三代涂层-MCrAlY。这类涂层是将一种抗氧化腐蚀的合金通过物理方法沉积到试样或零件表面上,主要由两相组成,与基体间扩散要弱的多。这类涂层可以根据需要进行设计。调整涂层成份与结构,或加入更多的合金元素,如 MCrAl-YSi、MCrAlHfPt、MCrAlYTa、MCrAlHf 等,M 可能是 Ni、Cr 或 Fe。可以通过电子束物理气相沉积、溅射、热喷涂等方法制备。为了防止包覆涂层与基体间的互扩散而引发退化,在涂层与基体之间增设扩散障。这类涂层的塑性-脆性转变温度比 NiAl 涂层低得多,使涡轮叶片的抗高温腐蚀能力进一步提高,从而延长使用寿命。目国外 JT9D、TW4000、GT29、GT43 等航空和发电用发动机均采用了这类涂层[14]。国内生产的高温合金涡轮叶片或导向叶片材料采用 MCrAlY 包覆涂层的有 DD406 或 DD403 单晶高温合金,DZ4125 和 DZ4125L 定向柱晶合金等[15]。这种涂层的优点是韧性好、强度高、抗氧化、耐腐蚀。涂层的成份和厚度可根据基体合金的成份和使用条件进行调整,涂层对基体合金的微观组织和力学性能的影响小,涂层在高温下有较好的组织稳定性,从而可以提高涂层的使用寿命。

第四代涂层-热障涂层。这类涂层不仅具有防氧化抗腐蚀能力,而且还可以保证在高的环境温度下保持低的基体零件温度。这种涂层一般由金属连接层和陶瓷层组成。热障涂层的隔热作用,可使金属基体表面温度降低 150℃ 左右,这样用同样的涡轮叶片材料可相应提高使用温度,从而大大提高发动机的推力。同时,在氧化物涂层与合金基体之间的 MCrAlY 结合层,可以提供足够的抗高温环境腐蚀能力,并使氧化层与合金基体的力学性能相匹配。这种技术还具有设备简单、成分易控制、成本低等优点。热障涂层经历了四个发展阶段,即早期的热障涂层,第一代,第二代和第三代热障涂层[16]。早期的热障涂层所使用的 ZrO_2 陶瓷层添加了 22% 的 MgO 作稳定剂,以避免正方相向单斜相转变的有害相变。粘结层是用热喷涂方法制备的 Ni-Al 涂层。第一代热障涂层用 Y_2O_3 部分稳定的 ZO2CYS2 代替 MgO 稳定的 ZrO_2，因为后者易于发生分解和相对低的温度承受能力。第一代热障涂层采用 APS 方法制备 MCrAlY 黏结层，采用 APS 方法沉积 YSZ 陶瓷层。由于陶瓷层得到了强化，热障涂层的寿命增加为原来的 4 倍。涂层失效也由陶瓷层的失稳转移到了黏结层。因黏结层氧化形成抗压强度小的 NiO 结构，发生所谓的"黑色"失效。第二代热障涂层是在 APS 基础上发展了低压等离子喷涂技术，这主要是为了减少 APS 工艺过程中有害氧化物的生成，并提高涂层致密度。因此，第二代热障涂层的黏结层为 LPPS MCrAlY，陶瓷层为 APS YSZ。采用 LPPS 技术，在很大程度上消除了预先存在的氧化物晶核，从而改变热障涂层黏结层的氧化模式，解决了"黑色"失效问题[17]。与第一代热障涂层相比，第二代热障涂层的寿命提高了 25 倍。第三代热障涂层用具有开放式柱状结构的 EB-PVD YSZ 代替 APS YSZ，使陶瓷强度大为提高。第三代热障涂层的黏结层为 LPPS MCrAlY，陶瓷层为 EB-PVD YSZ。研究表明，与第二代 TBC 相比，第三代热障涂层的寿命提高了 10 倍，可提高叶片寿命 3 倍。在 20 世纪 70 年代，我国开展了热障涂层的研究与应用。采用 TiO_2 粉＋SiO_2 粉用硅胶做黏结剂混合，低温烘烤后形成热障涂层，用于发动机加力筒体或尾喷管表面，可在 1 000℃ 以下使用，隔热效果约 40～70℃[18]。90 年代开始，将 MCrAlY 作为黏结层和 Y_2O_3 稳定的陶瓷隔热层，用等离子喷涂法在航空发动机加力筒体上制备涂层，取得良好效果。20 世纪 90 年代中期，我国开始了电子束物理气相沉积热障涂层的研究，并从国外进口了大功率多电子束物理气相沉积设备，开展先进航空发动机和舰船用燃气轮机涡轮叶片热障涂层的研究[19]。

　　航空发动机和燃气轮机涡轮叶片和导向叶片在高温应力下工作，表面必须施加防护涂层提高抗氧化腐蚀性能。从前面的介绍可知，叶片的涂层主要有渗铝涂层、改性铝化物涂层、MCrAlX 多元包覆涂层和陶瓷隔热涂层四大类型。这些涂层与基体合金成分不同，虽然提高了抗氧化腐蚀能力，但高温使用时在涂层下的基体因扩散会生成脆性相，容易导致裂纹产生。高温合金表面纳米晶化可大幅度提高合金的抗氧化腐蚀性能，与渗铝涂层水平相当或更优，使得用纳米晶高温合金作为自身的防护涂层成为可能。纳米晶涂层与基体合金同成分，不会因互扩散产生新相，解决了因扩散而引起的各种问题。目前纳米晶涂层基本都采用溅射离子键方法制备。纳米晶涂层实际上也是一种包覆涂层。

　　涂层长期暴露于氧化环境中将发生性能退化。涂层退化是由于涂层中抗氧化性元素不断消耗的结果。涂层中抗氧化元素损失有两个途径：一是向外扩散氧化，生成表面氧化膜;二是涂层与基体合金的互扩散。当涂层中形成氧化物元素的浓度下降很多时,这种氧化物就不能继续生长,涂层因失去保护作用而失效。以铝化物涂层为例来说明涂层的退化机制。铝化物涂覆的高温合金氧化类似于抗氧化性强的高温合金本身,只是铝在表面的含量较高,氧化时形成 Al_2O_3 膜。由于铝的氧化消耗,涂层表面的铝含量下降,随着氧化进行,铝持续消耗,涂层表面发生铝的贫化,NiAl 转变为 Ni_3Al,最终形成 Ni 固溶体。当铝的质量分数降至约 4% 时,不能生成 Al_2O_3 膜,迅速氧化就会发生,涂层失效。如果在涂层与基体间形成另外一层沉淀物,这层沉淀物能阻碍互扩散,从而可延缓涂层的退化。例如镍基合金渗铝时,在 β-NiAl 相与基体的界面处产生 CrNi 相沉淀,它起到阻碍 NiAl 相与基体互扩散的作用,这叫作扩散障。起扩散障作用的元素还有钼和铌。含有较高钼和铬的镍基合金渗铝,可形成致密的 CrMo 扩散障层,而铌以碳化物形式弥散分布在扩散障层中。扩散障层不仅可以通过基体元素形成,还可以通过改进涂层的成分来实现,如 Al-Cr 共渗、Al-Ta 共渗。也可以在 MCrAlY 涂层与高温合金基体间添加扩散阻挡层,如 Ta,TiN,TiC,Ti(Al)-O-N 或者 Al(Cr)-O-N。

除氧化和互扩散能引起涂层退化外,氧化膜及涂层的力学破坏也会造成涂层提早失效。由于氧化膜、涂层及基体力学性能的差异,从镍基合金 NiAl 涂层到 Al_2O_3 膜,塑性下降,脆性增大,线膨胀系数减小,强度下降。在实际使用环境中,由于冷热循环,涂层受热应力作用或热疲劳作用,容易发生开裂和剥落。涂层表面氧化膜性能对涂层寿命也有决定性影响作用。如果氧化膜发生剥落,使得涂层中铝量损失,就会加速涂层退化。因此,改善涂层表面氧化膜的黏附性,也是延长涂层使用寿命的重要手段。例如,涂层中添加稀土元素,制备纳米晶涂层等[20]。

参考文献

[1]崔华,张济山,村田纯教,森永正彦,汤川夏夫.高 Cr 含量 Ni 基高温合金热腐蚀行为研究、热腐蚀机制分析[J].Journal of University of Science and Technology Beijing(English Edition),1996(02).

[2]张源虎.热腐蚀环境中高温合金的蠕变与断裂[J].腐蚀科学与防护技术,1995(02).

[3]张源虎,胡赓祥.影响热腐蚀-蠕变特性的某些因素[J].机械工程材料,1985(01).

[4]涂干云,吴荣荣,赵进民,王日东,安万远,徐嘉勋.耐热腐蚀 537 镍基铸造高温合金[J].汽轮机技术,1982(01).

[5]曾潮流,张鉴清.熔盐热腐蚀的电化学交流阻抗谱研究[J].电化学,1998(01).

[6]胡赓祥,周浪,张源虎.GH33 合金在 700℃SO₂ 空气环境中受载时的热腐蚀[J].中国腐蚀与防护学报,1987(01).

[7]邹敦叙,顾兆丰,蔡恩礼.68Ni18Cr6WMoAITi 镍基铸造合金热腐蚀试验[J].特殊钢,1987(04).

[8]彭祖铭,王葆初,傅静媛,唐麟.燃气涡轮叶片抗热腐蚀涂层研究[J].钢铁研究总院学报,1988(03).

[9]李美栓,张亚明.活性元素对合金高温氧化的作用机制[J].腐蚀科学与防护技术,2001(06).

[10]曹雪珍,何健,郭洪波.氧化铝形成合金中活性元素效应的研究进展[J].表面技术,2020(01).

[11]宋鹏,陆建生,赵宝禄.活性元素影响 MCrAlY 涂层氧化性能的研究进展[J].材料导报,2007(07).

[12]宋涛,谭晓晓,谭志俊,韩正强.活性元素改性高温防护涂层的研究现状[J].表面技术,2017(08).

[13]张治国,张丹丹.活性 TIG 焊活性元素的引入方式简析[J].热加工工艺,2018(09).

[14]齐慧滨,何业东.表面施加含稀土氧化物薄膜对 Fe25Cr 高温氧化的活性元素效应[J].腐蚀科学与防护技术,1999(04).

[15]林翠,杜楠,赵晴.高温涂层研究的新进展[J].材料保护,2001(06).

[16]吴多利,姜肃猛,范其香,等.镍基高温合金 Al-Cr 涂层的恒温氧化行为[J].金属学报,2014,10:003.

[17]代晓宇.铜、钛元素对镍基耐蚀合金高温氧化行为的影响[J].机械工程材料,2011,35(8):19-21.

[18]乔兵.Cr 含量对 GH648 合金抗氧化性的影响[J].物理测试,2014,32(6):10-12.

[19]范金鑫,张继祥,陆燕玲,等.新型低 Cr 镍基合金 GH3535 高温氧化行为[J].稀有金属,2015,5:003.

[20]梁婷.Ni-Cr-Al 合金高温氧化及影响机理研究[D].沈阳:沈阳师范大学,2011.

第6章 W对合金蠕变性能的影响

高温合金中均含有 W,Mo 等难熔元素,W 的熔点高达 3 380℃,在 Ni 基合金中加入元素 W,可改善合金的组织与性能。其中,W 在 Ni 中有较大的溶解度,如:在 Ni-W 系的溶解度为 32%,在 Ni-10Cr-W 系中的溶解度为 27%～28%,而在 Ni-20Cr-W 系中的溶解度为 15%～16%[1]。这表明,随组元数量增加,W 在合金中的溶解度降低。

W 在 Ni 基合金中可提高原子间的结合力,提高扩散激活能 Q,使扩散速率降低,同时,提高合金的再结晶温度,从而提高合金的固溶强化效果。由于 W 的熔点较高,且具有较大的原子半径,因此,把 W 加入 Ni 基体中,可发生较大的晶格畸变,尤其在高温环境下,其强化作用更为明显。W 在 γ' 和 γ 两相的分配比约等于 1[2],因此,Ni 基合金中加入 W 可提高 γ',γ 两相的强度和热稳定性。此外,W 是碳化物形成元素,主要生成 M_6C,其中,沿亚晶界析出的粒状 M_6C 碳化物[3],可阻碍位错运动,提高合金的蠕变抗力。

但随 W 含量提高,当超过其溶解度极限时,过量的 W 会提高合金中平均电子空位数(Nv),使合金析出 TCP 相的倾向增大。实验设计的 Ni 基合金中含有 4% W,合金蠕变期间无 TCP 相析出,因此合金具有良好的高温蠕变性能。设想合金设计中增加合金的 W 含量,以提高合金的合金化程度和高温蠕变抗力。但随合金中 W 含量增加,是否有 TCP 相,对合金的高温蠕变抗力有何影响,并不清楚。

据此,本章在 4% W 的基础上,设计合金中使 W 含量提高到 6% W。使其合金中含有 6% W 和 6% Mo。通过对合金进行蠕变性能测试和组织形貌观察,研究 W 含量对合金组织结构及蠕变性能的影响,并分析 TCP 相对合金组织结构与蠕变寿命的影响规律。

本章所使用的合金为前文中所设计的合金,其成分为:6Al+7.5Ta+4.15Cr+ 3.9Co+6Mo+6W(质量分数,%),其余为 Ni,即合金中 W 含量由原来的 4% 提高到 6%,以研究 W 含量对合金组织与性能的影响。选用热处理工艺为 1 280℃×2 h,A.C+1 315℃×4 h,A.C+1 070℃×4 h,A.C+870℃×24 h,A.C.

6.1　长期时效对组织形貌的影响

为研究 W 浓度对合金组织结构的影响,将 6%W 合金在 1 080℃ 保温 200h,以考察长期时效对合金组织结构的影响。合金经 1 080℃/200h 长期时效处理后的组织形貌,如图 6.1 所示,其中 6.1(a) 为低倍形貌。可见,合金在长期时效期间,已有大量针状 TCP 相析出,其针状 TCP 相的长度约为 $30\sim60\mu m$,TCP 相析出方向与 γ' 相的粗化方向约呈 45°角,针状 TCP 相取向之间夹角呈 90°。图 6.1(b) 为高倍形貌,可见,合金中 γ' 相已沿 [100] 和 [010] 取向形成串状组织,并发生粗化。对合金中 TCP 相进行 SEM/EDS 能谱成分分析,其成分为 Cr 11.72,Mo 34.12,Al 2.70,Ta 7.73,Co 3.18,Ni 15.96,W 24.59,表明 TCP 相中富含 W、Mo 等难熔元素。

与 4%W 合金相比较,随合金中 W 含量由 4% 提高到 6%,合金的组织结构发生了明显变化,即经长期时效处理,合金中析出了大量针状 TCP 相。分析认为,随合金中 W 含量提高,使其超出了 W 在 γ 基体的溶解度,因此,有大量难熔元素自基体中析出,形成 TCP 相。由于合金中一旦有 TCP 相析出,可消耗合金基体中的难熔元素,因此降低合金的固溶强化效果程度和高温强度。

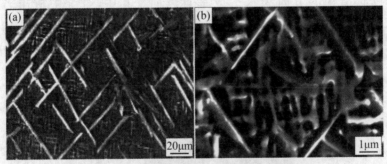

图 6.1　合金经 1080℃ 时效 200h 的组织形貌

(a)低倍形貌;(b)高倍形貌

合金经 1 080℃/200h 长期时效处理后的 TEM 形貌,如图 6.2 所示。这表明,合金中 γ' 相已发生粗化,并沿 [100] 和 [010] 方向转变成串状结构。合金中已有针状 TCP 相析出,其针状 TCP 相的厚度较小,仅为 $0.05\mu m$。对 TCP 相进行选区电子衍衬分析,其选区衍射斑点如图 6.2(b) 所示,其指数标定如图 6.2(c) 所示。由此确定合金中的 TCP 相为 μ 相。

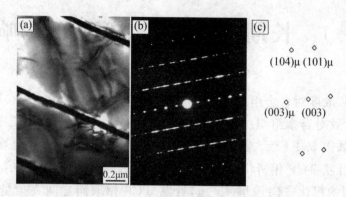

图 6.2　TCP 相的形貌及其衍射斑点的标注
(a)组织形貌;(b)衍射斑点;(c)指数标定

　　由于合金中析出的 μ 相含有大量难熔元素,合金中一旦有 TCP 相析出,可消耗大量的固溶强化元素 W,Mo 和 Ta,使其周围基体中的 W,Mo 含量贫化,故合金的固溶强化效果显著下降。同时 μ 相尺寸较大且与基体完全不共格,且 TCP 相与 γ 基体之间结合力较弱,加之 TCP 相具有硬而脆的特征,因此,在近针状 μ 相区域易产生应力集中,可成为裂纹扩展源。

　　合金经 1 080℃/200h 时效处理后,合金的微观组织形貌,如图 6.3 所示。由图可以看到,合金中 γ′ 相已粗化,并转变为串状结构,由于时效处理期间未施加应力,所以其筏状结构的方向为水平或垂直方向。其中,合金中析出若干短棒状TCP 相,长度约为 1μm,如图中白色箭头所示。此外,已有少量位错剪切进入 γ′相,为 TCP 相生长及长大期间所产生的附加应力所致,如图中黑色箭头所示。

图 6.3　合金经 1 080℃长期时效 200h 后的组织形貌

6.2　W 含量对蠕变性能的影响

对不同 W 含量合金进行不同条件的蠕变性能测试,并绘制蠕变曲线,如图 6.4 所示。两种合金在 1 040℃/137MPa 测定的蠕变曲线,如图 6.4(a)所示。曲线 1 为 6%W-6% Mo 合金的蠕变曲线,其蠕变寿命为 201h,蠕变稳态阶段时间较短,应变速率较大,蠕变断裂的应变量达到 13.5%,以上数据表明,合金在该条件下的蠕变性能较差。而在相同条件下,4%W-6%Mo 合金的蠕变寿命为 565h,即随 W 含量由 4%提高到 6%,合金的蠕变寿命降低幅度达 67%。4%W-6%Mo 合金的蠕变寿命几乎是 6%W-6%Mo 合金的 3 倍,同时其稳态蠕变阶段时间较长,应变速率较低。

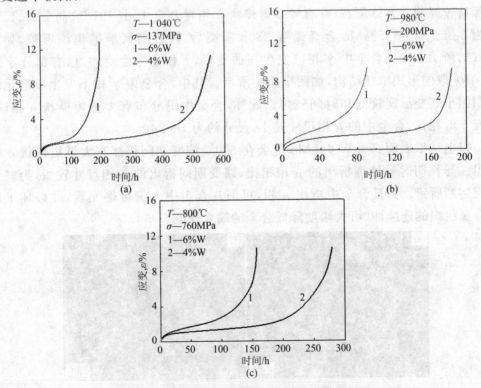

图 6.4　不同合金在不同条件测定的蠕变曲线

(a)1 040℃,137MPa,(b)980℃,200MPa,(c)800℃,760MPa

两种合金在 980℃/200MPa 测定的蠕变曲线,如图 6.4(b)所示。由图可以看到,4%W-6%Mo 合金的蠕变寿命为 282h,当元素 W 含量提高至 6%,合金的蠕变寿命急剧降低至 101h,蠕变寿命降幅达 64.2%。两种合金在 800℃/760MPa 测定的蠕变曲线,如图 6.4(c)所示。其中,曲线 1 为 6%W-6%Mo 合金的蠕变曲线,其蠕变寿命为 165h,曲线 2 为 4%W-6%Mo 合金的蠕变曲线,其蠕变寿命为 280h,随 W 含量由 4%提高到 6%,合金的蠕变寿命降低了 41.1%。与高温蠕变相比较,合金在中温的蠕变寿命降低幅度较小。

6.3　蠕变期间的组织演化

6%W-6%Mo 合金经 800℃/760MPa 蠕变不同阶段的组织形貌,如图 6.5 所示。图 6.5(a)为合金蠕变 50h 的组织形貌,此时蠕变处于稳态阶段,合金中 γ' 相仍保持较好的立方体形态,并有较多短棒状 μ 相在合金中沿[101]取向分布,尺寸约为 3μm。6%W-6%Mo 合金蠕变 280h 断裂后,近断口区域的组织形貌,如图 6.5(b)所示。可见合金中 γ' 相已发生扭曲变形,γ' 相立方度变差,已有部分 γ' 相沿[010]取向形成串状结构,如图中箭头所示。其中,合金中 γ' 相不发生筏形化转变归因于蠕变温度较低和时间较短。此外,合金中仍分布有大量短棒状 μ 相,与蠕变 50h 相比,合金中的 μ 相尺寸较小,尺寸约为 1~2μm。

以上结果表明,6%W-6%Mo 合金在 800℃蠕变期间仍然有大量短棒状 μ 相析出。与长期时效处理析出的 μ 相相比,蠕变期间析出的 μ 相尺寸较短,为蠕变期间熔断所致。一旦合金中析出 μ 相,可消耗合金中大量难熔元素,并破坏了原有合金组织的连续性,可大幅度降低合金的蠕变性能。

图 6.5　合金经 800℃/760MPa 蠕变不同时间的组织形貌
(a)蠕变 50h;(b)蠕变断裂

合金经 1 040℃/137MPa 蠕变不同阶段的组织形貌,如图 6.6 所示。蠕变50h,合金的蠕变已进入稳态阶段,因此,γ′ 相已沿垂直于应力轴方向形成了 N-型筏状结构,如图 6.6(a)所示。由图可以看到,合金中即存在针状 μ 相,尺寸约为 6~8μm,同时存在较小尺寸的 μ 相,尺寸仅为 0.5~1μm。分析认为,蠕变期间合金中析出的 μ 相可发生熔断,随蠕变进行,尺寸较长的针状 μ 相可逐渐熔断,形成尺寸较小的短针状或颗粒状形态。合金中一旦析出针状 μ 相,可切割多个 γ′ 相,严重割裂了合金组织的连续性。合金蠕变 201h 断裂后的组织形貌,如图 6.6(b)所示。由图可以看到,合金中 γ′ 相已发生了严重的扭折变形,原本连续的筏状 γ′ 相发生中断,并分布有大量短棒状或颗粒状的 μ 相。

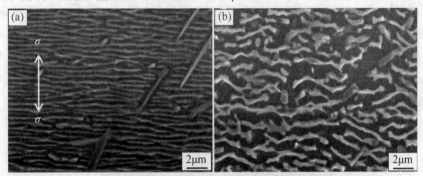

图 6.6　合金经 1 040℃/137MPa 蠕变不同时间的组织形貌
(a)蠕变 50h;(b)蠕变断裂

合金经 1 040℃,137MPa 蠕变 50h 的微观组织形貌,如图 6.7 所示。在 TEM下,同样可以观察到针状与短棒状 μ 相存在于合金中。由图可以看出,合金中 μ 相均为片状形态,尺寸较长且较宽的 μ 相如图中区域 A 所示,尺寸较小的 μ 相如图中区域 B 所示,尺寸较长的针状 μ 相如图中箭头所示。若视 μ 相为片状形态,则 A 区域宽度为 μ 相的宽度尺寸,则在另一垂直平面析出的 μ 相显示针状形态为μ 相的厚度尺寸。

随蠕变进行,μ 相逐渐发生熔断,致使尺寸减小。C 相的厚度介于 A 和 D 之间,这是因为 C 相在空间以一定角度倾斜所致。从图 6.7 可以看到,合金中 γ′ 相已形成了筏状结构,并有大量位错分布在合金的基体中,为近 μ 相区域发生的位错塞积所致。分析认为,在蠕变后期,近 μ 相区域塞积的位错易于引起应力集中,并促使裂纹优先在近 TCP 相区域产生萌生与扩展,因此,TCP 相是合金蠕变强度的薄弱环节。

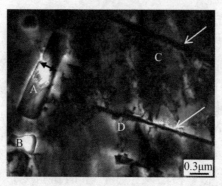

图 6.7　合金经 1 040℃,137MPa 蠕变 50h 时的微观组织形貌

　　合金经 980℃,200MPa 蠕变 50h 的组织形貌,如图 6.8 所示。由图可以看到,合金中存在尺寸较长的薄片状 μ 相,长度约为 16μm。片状 μ 相与纸面成一定角度倾斜,照片的法线方向为[100]取向,由于{111}晶面与[001]取向的夹角约为 45°,与 μ 相的倾斜角度相近,故可以认为,6%W-6%Mo 合金中的 μ 相沿{111}面析出。片状 μ 相倾斜穿过多个筏状 γ′相,可中断筏状 γ′相的连续性。

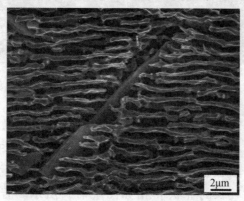

图 6.8　合金经 980℃/200MPa 蠕变 50h 时的微观组织形貌

　　合金经 980℃/200MPa 蠕变 123h 断裂后的组织形貌,如图 6.9 所示。图 6.9(a)中可存在多个孔洞,其中,大尺寸孔洞如图中 A 区域所示,孔洞呈球形,直径约为 10μm。小尺寸孔洞存在于针状 μ 相上下两端。如图中白色箭头标注所示。孔洞周围分布有针状 μ 相,其中某一针状 μ 相与孔洞相交,如图中白色线段所示。该针状 μ 相下侧暗色区域为蠕变期间沿 μ 相界面产生的裂纹萌生与扩展所致,并与孔洞相连接。

　　在另一区域的针状 μ 相形貌,如图 6.9(b)所示。图中区域 B,C 为针状 μ 相两端的裂纹萌生,D 裂纹为另一针状 μ 相的尖端,E 区域同样为近针状 μ 相区域的裂纹萌生,该区域存在一不规则 μ 相。分析认为,近针状 μ 相区域易出现裂纹的萌生,尤其在针状 μ 相的尖端区域,同时,针状 μ 相将两尖端处裂纹相连通,直接导致应力承载面积减小,蠕变抗力降低。此外,在近针状 μ 相区域的筏状 γ' 相已发生扭折,如图中白色线段所示,线段 1 为水平方向,与应力轴方向垂直,即为筏状 γ' 相的方向,线段 2 为两针状 μ 相之间区域,线段 2 与线段 1 呈 30°夹角,表明,该区域的筏状 γ' 相与水平方向呈 30°,为近针状 μ 相区域的筏状 γ' 相发生较大变形所致。

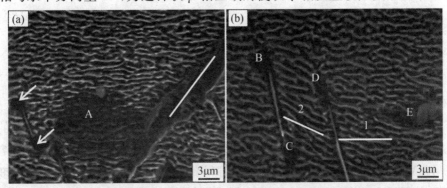

图 6.9　合金在 980℃/200MPa 蠕变断裂后组织形貌

合金经 980℃/200MPa 蠕变 123h 断裂后,另一区域的组织形貌,如图 6.10 所示。由图可以看到,合金中仍存在薄片状 μ 相,长度约为 8μm。筏状 γ' 相的连续性遭到破坏,μ 相一侧出现孔洞,裂纹沿 μ 相尖端区域萌生所致,如图 6.10(a)所示。在近 μ 相区域的 γ' 相已发生明显的扭曲,如图 6.10(b)中片状 μ 相下部区域所示,并在 μ 相下方出现较大孔洞,另一 μ 相已出现了裂纹,如图中白色箭头所示,分析认为,当蠕变位错大量塞积于近 μ 相区域,可引起应力集中,当应力集中值大于 μ 相的屈服强度时,片状 μ 相可发生断裂。

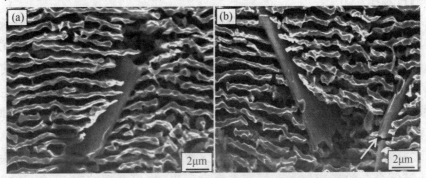

图 6.10　合金经 980℃/200MPa 蠕变 123h 断裂后组织形貌
(a)裂纹萌生于 TCP 相的尖端区域;(b)TCP 相中的裂纹

综上所述,6%W-6%Mo 合金在蠕变期间,可有大量 TCP 相析出。TCP 相是合金蠕变强度的薄弱环节,可大幅度降低合金的蠕变抗力和寿命,从组织结构演化的角度分析,析出的 TCP 相可破坏合金原有组织的连续性,使原来规则的立方 γ' 相或筏状 γ' 相发生中断,并使近 TCP 相区域的 γ' 相扭折程度加剧。因此,蠕变期间,易在近 TCP 相区域发生裂纹的萌生,故 TCP 相可大幅度降低合金的蠕变抗力。

6.4　W 浓度对 TCP 相析出的影响

本书中所设计和制备的两种无 Re/Ru 合金,唯一区别在于分别含有 4%W 和 6%W,因此,W 浓度的差别,是致使合金具有不同组织结构和蠕变抗力的主要原因。合金中 W 具有最高的熔点,具有较大的原子半径,故具有较强的固溶强化作用。随 W 含量提高,合金的高温强度可得到提高,但当 W 含量超过溶解度极限时,合金中可析出大量 TCP 相,如图 6.1 所示。选区电子衍射确定出合金中析出的 TCP 相为 μ 相,在高温长时间热暴露期间,μ 相形貌为长片状,一旦合金中有 TCP 相析出,可严重破坏合金组织结构的连续性,同时,也消耗合金基体中大量难熔元素,故可降低合金的蠕变抗力。

由于 μ 相中富含元素 Mo、W、Cr 和 Ta,当合金在时效及蠕变期间析出 μ 相可消耗其周围的 Mo、W、Cr 和 Ta 等难熔元素,使合金 γ/γ' 两相中的难熔元素减少,最终导致蠕变抗力降低。由于元素扩散是 μ 相析出的根本原因,因此,可以认为:在有 TCP 相析出倾向的合金中,长时间的蠕变性能会受到严重影响,而短时性能所受影响可忽略不计。

在不同条件蠕变期间,μ 相对合金的组织结构均产生较大影响。原长针状 μ 相可熔断呈短棒状,弥散分布在 γ 基体中,破坏原有筏状结构的连续性。尤其是析出的长针状 μ 相,可贯穿多组筏状 γ' 相,导致某一区域 γ' 相不再连续,故使蠕变抗力急剧下降。同时,由于 TCP 相有较高硬度,且分布不规律,其周围易发生位错塞积,导致应力集中,所以,在近 TCP 相区域易发生裂纹的萌生与扩展。同时,TCP 相还可与其他缺陷相互作用,增加其他缺陷对合金蠕变性能的影响程度。

总之,随合金中 W 含量过分增加,易促使 μ 相析出,破坏合金组织结构的连续性,从而降低合金的蠕变抗力和蠕变寿命。所以,如何合理控制 W 含量,或通过其他元素的相互作用抑制 μ 相的析出,是值得研究的重要课题。

6.5　TCP 相对裂纹萌生的影响

TCP 相可大幅度降低合金的蠕变性能,与无 TCP 相合金相比,析出 TCP 相合金在高温和中温条件的蠕变寿命分别降低约 40% 和 70%。对其原因的分析认为,一方面是合金中析出的 TCP 相,可消耗大量难熔元素;另一方面析出的 TCP 相破坏了合金原有组织的连续性,同时,近 TCP 相区域发生位错塞积,易产生应力集中,可促使其发生裂纹的萌生。图 6.11 为近 TCP 相区域发生裂纹萌生与扩展的示意图。

图 6.11(a)为合金在蠕变稳态期间,形成筏状 γ′ 相及针状 TCP 相的示意图,此时,γ′ 相已沿垂直于应力轴方向形成 N-型筏状结构,析出的针状 TCP 相可贯穿多组筏状 γ′ 相。随蠕变进行,裂纹在 TCP 相两端发生萌生,裂纹产生于 γ/γ′ 两相界面,裂纹形状为球形,并在近裂纹的附近筏状 γ′ 相发生一定程度的扭曲,如图 6.11(b)所示。随蠕变继续进行,裂纹沿 μ/γ 两相界面发生扩展,与常规裂纹扩展不同,近 TCP 相区域两端裂纹并不沿垂直应力轴方向扩展,而是沿着 μ/γ 两相界面发生扩展,裂纹形状呈现梨型,如图 6.11(c)所示。分析认为,当裂纹沿 μ 相两端萌生时,沿 μ/γ 两相界面同样可发生应力集中,该应力集中为近 μ/γ 两相区域存在大量的位错塞积所致,如图 6.7 所示。此外,μ/γ 两相界面结合力较弱,因此,在应力集中作用下,裂纹可沿 μ/γ 两相界面扩展。

随蠕变继续进行,合金中裂纹进一步扩展,μ 相两端裂纹可沿 μ/γ 两相界面不断扩展直至连通,从而导致近 TCP 相区域出现尺寸较长的裂纹,如图 6.11(d)所示。一旦较多大尺寸裂纹相互连接,减小了合金承载的有效截面,故可大幅度降低合金的蠕变抗力。以上结果表明,针状 TCP 相可大幅度降低合金的蠕变性能。随蠕变进行,几乎全部 TCP 相两端均会发生裂纹的萌生,并沿其界面进行扩展,同时,近 TCP 相区域的 γ′ 相扭曲程度加剧。表明,析出的 TCP 相是合金蠕变强度的薄弱环节,是导致合金蠕变性能大幅降低的重要因素。

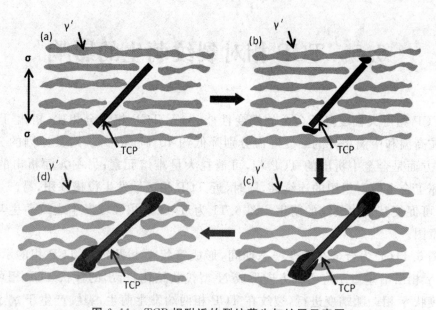

图 6.11　TCP 相附近的裂纹萌生与扩展示意图

(a) 针状 TCP 相在筏状 γ' 相中析出,(b) 裂纹萌生于针状 TCP 相的两端,
(c) 裂纹沿 μ/γ 两相界面扩展,(d) 裂纹继续扩展至连通

参考文献

[1]唐增武,李金山,胡锐,等.一种 Ni-Cr-W 高温合金的成分设计[J].材料导报,2010,24(8):47-50.

[2]田素贵,夏丹,李唐,等.W 含量及组织状态对镍基高温合金晶格常数及错配度的影响[J].航空材料学报,2008,28(4):12-16.

[3]何立子,孙晓峰,郑启,等.高 W 型 Ni 基高温合金 M963 中碳化物研究[J].材料工程,2004(2):40-43.

第 7 章　Ru 对合金蠕变性能的影响

随着发动机推重比的不断提高,要求具有更高承温能力的镍基单晶合金相继出现。例如,第四代高温合金 RR3010 的承温能力已经达到 1 180℃,由日本国立材料研究所研制的第六代单晶合金在 1 120℃/137MPa 的蠕变持久寿命已经达到了 1 000h[1]。与第一代镍基单晶合金相比,之后发展的镍基合金中难熔元素(Ta, Re,W,Mo)的含量逐渐增加,这使得合金的高温强度显著提高,但也增加了合金在服役期间 TCP 相的析出倾向。其次,镍基单晶合金在发展历程中也添加了一些微量元素,如:C,B,Hf,Ir 等,再次,合金中 Cr 元素含量降低[2]。此外,从第四代镍基单晶合金开始,在含 Re 合金的基础上加入元素 Ru,可使合金的高温蠕变性能大幅度提升,但其作用机理还不甚明晰。

研究表明[3],含 Re 合金加入 Ru 可以抑制 TCP 相析出,并提高合金的高温强度,是第四代和第五代镍基单晶合金的重要成分特征。虽然 Ru 元素的作用已受到广大研究者所关注,但是 Ru 改善合金蠕变抗力的作用机理仍不明确。Heckl[4]等人认为,Ru 可一定程度降低合金中共晶组织含量,同时可降低元素 W 的枝晶偏析。Liu 等人认为,Ru 元素可增加共晶组织的体积分数,但 Ru 可降低 W,Al,Ta等元素的枝晶偏析,这与 Heckl 等人的结果不一致。Kearsey 等人[5]认为,元素 Ru 本身无明显的偏析倾向,但可缓解因难熔元素含量过大而引起的枝晶偏析。

Heckl 等人[6]对有/无 Ru 镍基单晶合金组织结构的研究表明,Ru 对 γ' 相的形貌、体积分数、尺寸以及 γ/γ' 两相的晶格错配度无明显影响。但 Neumeier 等人[7]认为,Ru 可改善 γ' 相的立方度、尺寸、体积分数,添加元素 Ru 可使某些合金中 γ/γ' 两相的错配度接近于零,而在另一些合金可使 γ/γ' 两相错配度更负[8]。显然关于元素 Ru 的作用有两种不同的研究结果,其中,镍基单晶合金中元素种类较多,各元素之间具有较强的交互作用,是使 Ru 在不同成分镍基单晶合金中有不同结果的主要原因。

Ru 改善合金的组织稳定性的事实已得到证实。但是,到目前为止,Ru 改善高温合金组织稳定性的作用机理仍不明确。O'Hara 等人[9]最早提出了 Ru 的"逆向分配"效应,是改善组织稳定性的重要原因,即 Ru 可促使 Re,W,Cr 等 γ′相形成元素更多地溶入 γ′相,使较多 Al,Ta 等 γ′相形成元素溶入到(基体相,使其改变了元素在 γ/γ′两相的分配比,Ofori 和 Wang 等人[10]验证了 Ru 的"逆向分配"效应。但是,Reed 和 Tin 等人的研究结果表明,Ru 主要溶入 γ 相,对其他元素的分配行为无明显影响,不存在"逆向分配"效应。

综上所述,Ru 改善镍基单晶合金组织稳定性的作用机理尚不明确。此外,国内外研究重点仍主要集中于 Ru 与 Re 的相互作用方面,而 Ru 对无 Re 合金组织稳定性的影响报道较少。据此,本章设计并制备一种含 2‰Ru 镍基单晶合金,通过与无 Ru 合金进行对比,研究 Ru 对镍基单晶合金组织稳定性和蠕变性能的影响。

7.1 合金成分设计及制备

采用 Nv 法和 Md 法预测其 TCP 相析出倾向,并设计一种含 2‰Ru 镍基单晶高温合金。该合金是在无 Re/Ru6‰W 合金的基础上添加了 2‰Ru,其合金的设计成分为:Ni+6‰Al+7.5‰Ta+5.8‰Cr+6‰Co+6‰Mo+6‰W+2‰Ru(质量分数)。其中设计合金成分的 Nv 和 Md 值:Nv=2.228,Md=0.990,二者结果均小于析出 TCP 相的临界值,故设计合金中无 TCP 相析出倾向。由于本章在研究元素浓度分布时使用各元素在合金中的原子分数,故将各元素在有/无 Ru 合金中的质量分数换算为原子分数,示于表 7.1。

表 7.1 有/无 Ru 合金的实际化学成分

元素	Al		Ta		Cr		Co		Mo		W		Ru	
	wt. %	at. %	wt. %	at. %	wt. %	at. %	wt. %	at. %	wt. %	at. %	wt. %	at. %	wt. %	at. %
无 Ru	5.98	13.35	7.62	2.54	5.82	6.74	5.97	6.10	6.25	3.92	4.07	1.33	0	0
2‰ Ru	5.99	13.69	7.55	2.53	5.80	6.58	5.89	6.12	6.07	3.81	5.96	2.02	1.98	1.20

将成分为 2‰Ru 的母合金置入型号为 ZGD-2 型的高浓度梯度真空定向凝固炉中的真空感应炉重新熔化,并在 1 550℃浇入型腔中,选用 0.08mm/s 的抽拉速率,制备[001]取向的单晶合金试棒。对铸态 2‰Ru 合金进行差示扫描量热曲线

DSC 测定,由此确定合金的初熔温度为 1 322℃。DSC 曲线与图 2.6 相近,故曲线略去。由此,确定出 2%Ru 合金采用热处理工艺与无 Ru 合金相同,即 1 280℃×2 h,A. C+1 315℃×4 h,A. C+1 070℃×4 h,A. C+870℃×24 h,A. C。

将有/无 Ru 铸态合金、热处理态合金及蠕变后合金进行 X-ray 衍射谱线测定,以研究元素 Ru、热处理及蠕变对合金中 γ 和 γ′ 两相晶格常数及错配度的影响。在镍基单晶合金中 γ 和 γ′ 两相的晶格常数相近,XRD 曲线中 γ,γ′ 两相由于衍射峰相互叠加,故需要采用专业软件进行叠加峰分离。进一步根据 γ,γ′ 两相的 2θ 角和公式(7.1),计算 γ 和 γ′ 两相的晶面间距,再根据公式(7.2)和公式(7.3)计算出晶格常数和晶格错配度。在 X-ray 衍射谱线测定中,使用 Cu 靶,其波长为 λ= 0.154 06 nm。

$$2d\sin\theta = \lambda \tag{7.1}$$

$$\delta(\%) = \frac{2(a_{\gamma'} - a_{\gamma})}{(a_{\gamma'} + a_{\gamma})} \times 100\% \tag{7.2}$$

$$\delta(\%) = \frac{2(a_{\gamma'} - a_{\gamma})}{(a_{\gamma'} + a_{\gamma})} \times 100\% \tag{7.3}$$

无 Ru 和含 2%Ru 合金经完全热处理后的组织形貌,如图 7.1 所示。其中图 7.1(a)为无 Ru 合金的组织形貌,图 7.1(b)为 2%Ru 合金的组织形貌。有/无 Ru 合金经完全热处理后,其组织结构均为立方 γ′ 相以共格方式镶嵌在 γ 相基体中,立方 γ′ 相沿<100>方向规则排列。其中,无 Ru 合金中 γ′ 相的尺寸约为 0.45μm,基体通道尺寸约为 0.1μm,γ′ 相的体积分数约为 63%;2%Ru 合金中 γ′ 相的尺寸约为 0.40μm,基体通道尺寸约为 0.06μm,γ′ 相的体积分数约为 68%。结果表明,与无 Ru 合金相比,2%Ru 合金中 γ′ 相有较好的尺寸、形态和分布。

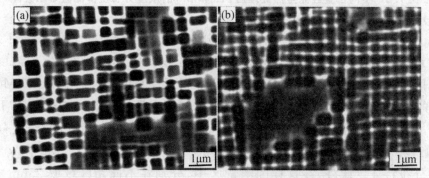

图 7.1　有/无 Ru 合金经完全热处理后的组织形貌
(a)无 Ru 合金;(b)2%Ru 合金

7.2 Ru 对元素浓度分布的影响

采用三维原子探针（3DAP）测定有/无 Ru 合金中 Co,Al,Mo,Cr,Ta,W,Ru 元素在 γ/γ'两相的浓度分布,其中,元素 Ta 和 Mo 分别是 γ'和 γ 相形成元素,根据 Ta,Mo 在 γ,γ'两相的浓度分布,可评价 γ,γ'两相的高倍形态及两相界面的分布特征。浓度分布测试选区及尺寸,如图 7.2 所示。

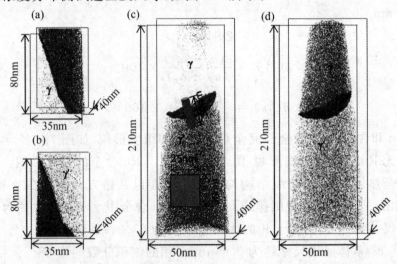

图 7.2　不同合金经完全热处理后,Ta 和 Mo 的浓度分布及待测区域示意图

(a)Ta—无 Ru 合金;(b)Mo—无 Ru 合金;(c)Ta—2%Ru 合金;(d)Mo—2%Ru 合金

无 Ru 合金中元素 Ta 和 Mo 的浓度分布,如图 7.2(a)和 7.2(b)所示。由图可以看到,其浓度分布呈现两个区域,深颜色区域表示元素在该区域的浓度较大,浅颜色区域表示元素在该区域的浓度较小。根据镍基单晶合金中 Ta 和 Mo 在 γ/γ'两相的分布特点,可判断 γ 相和 γ'相区域,如图中标注所示。结果表明,Ta 主要富集于 γ'相,Mo 主要富集于 γ 基体相。2%Ru 合金中 Ta 和 Mo 的浓度分布,如图 7.2(c)和 7.2(d)所示。同样方法判断 2%Ru 合金中元素 Ta,Mo 在 γ 和 γ'相区域的分布特征。此外,在这样的测试区中,分别在不同相区域取 25nm×30nm 的正方形各元素在该相平均浓度,如图 7.2(c)中正方形所示,图中仅展示一个相选区的示意图,另一相平均浓度测试选区示意图略去。在图 7.2 中可见 γ/γ'两相的界面区域存在明显的浓度差别,为测量近相界面区域的元素浓度梯度,在近两相界面区域处取 $\Phi10nm\times50nm$ 的圆柱形测量区域,如图 7.2(c)中圆柱体所示。

　　测定的有/无 Ru 合金中各元素在 γ' 和 γ 两相的平均浓度,示于表 7.2。为了便于比较元素在两相中的分配规律,引入分配比,用来研究 Ru 对元素在合金 γ/γ' 两相中浓度分布的影响,其分配比如公式(7.4)所示。

$$R_{Me} = \frac{c_{Me}^{\gamma'}}{c_{Me}^{\gamma}} \tag{7.4}$$

式中,R_{Me} 是元素在 γ/γ' 两相中的分配比;$c_{Me}^{\gamma'}$ 和 c_{Me}^{γ} 分别代表元素在 γ' 相和 γ 相中的平均浓度。为便于观察比较,可将结果以分数形式给定,其中,比值较小的部分定义为 1,比值较大部分以 1 的倍数表示。各元素在 γ/γ' 两相的分配比同样示于表 7.2。

表 7.2　元素在不同合金 γ/γ' 相中的浓度分布(原子分数,at. %)

合金	区域	Al	Ta	Cr	Co	Mo	W	Ru	Total
无 Ru	γ 相	2.72	0.45	16.4	11.78	8.32	2.32	0	41.99
	γ' 相	18.91	3.72	1.68	3.00	1.53	0.81	0	29.65
	比例	6.95/1	8.28/1	1/9.74	1/3.92	1/5.44	1/2.85	—	1/1.42
2% Ru	γ 相	4.69	0.49	15.12	10.75	7.13	2.27	3.13	43.58
	γ' 相	18.20	3.52	1.98	4.03	2.21	1.73	1.41	33.08
	比例	3.88/1	7.18/1	1/7.64	1/2.67	1/3.22	1/1.31	1/2.21	1/1.32

　　无 Ru 合金各元素在 γ/γ' 两相的浓度分布如图 7.3 所示。选区中 γ/γ' 两相如图中标注所示。Al 元素在 γ/γ' 两相的浓度分布示意图,如图 7.3(a)所示。由图可以看到,大量 Al 原子分布在 γ' 相区,γ 基体相区仅有少量 Al 元素,其元素在 γ/γ' 两相的分配比为 6.95/1,如表 7.2 所示。Ta 元素在 γ/γ' 两相的浓度分布,如图 7.3(b)所示。由图可以看到,元素 Ta 同样富集于 γ' 相,其在 γ/γ' 两相的分配比为 8.28/1,如表 7.2 所示,表明 Ta 同样是 γ' 相形成元素。

　　元素 W,Mo 在 γ/γ' 两相中的浓度分布,如图 7.3(c)和 7.3(d)所示。由图可以看到,难熔元素 W,Mo 主要分配于 γ 基体相,其分配比分别为 1/2.85,1/5.44。元素 Cr 和 Co 同样主要分布在 γ 基体中,其分配比分别为 1/9.74 和 1/3.92,如表 7.2 所示,其中 Cr 元素在 γ 相中偏聚最为严重,其浓度分布示意图略去。

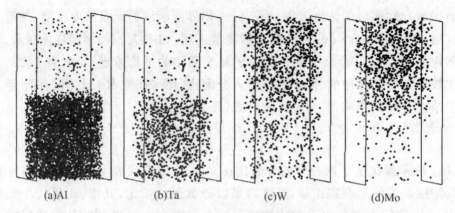

(a)Al　　　　(b)Ta　　　　(c)W　　　　(d)Mo

图 7.3　元素在无 Ru 合金中 γ'和 γ 相中的浓度分布

2％Ru 合金各元素在 γ/γ'两相中的浓度分布示意图,如图 7.4 所示。Al 元素在 γ'/γ 两相的浓度分布如图 7.4(a)所示。图(a)表明,元素 Al 主要富集于 γ'相中,与无 Ru 合金相比,Al 原子在 γ 相区域的浓度明显增大,而在 γ'相区域的浓度分布明显减小。Ta 是 γ'相形成元素,其浓度分布与 Al 相近,如图 7.4(b)所示。测量出元素 Al 和 Ta 在 γ'/γ 两相的分配比分别为 3.88/1 和 7.18/1,其分配比值明显低于无 Ru 合金。

难熔元素 W 在 γ/γ'两相的浓度分布如图 7.4(c)所示。图(c)可以看到,与无 Ru 合金相比,W 在 γ/γ'两相的浓度分布趋于均匀,其分配比值为 1/1.31,如表 7.2 所示。难熔元素 Mo 的浓度分布如图 7.4(d)所示。与无 Ru 合金相比,其浓度分布发生较大变化,其分配比值为 1/3.22,如表 7.2 所示。合金中 Ru 在 γ/γ'两相中的浓度分布如图 7.4(e)所示。由图(e)可以看到,Ru 主要偏聚于 γ 相。合金中 Co,Cr 的浓度分布示意图略去。其中,元素 Cr 的分配比降低幅度较大,为 1/7.64。元素 Co 的分配比为 1/2.67。

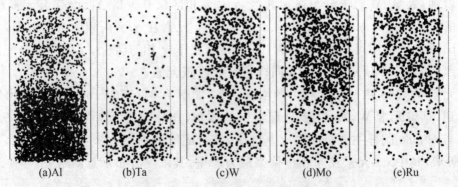

(a)Al　　　(b)Ta　　　(c)W　　　(d)Mo　　　(e)Ru

图 7.4　2％Ru 合金中元素在 γ'和 γ 两相的浓度分布

　　分析认为,有/无 Ru 合金的主要区别在于有/无 Ru 元素,此外,合金中各元素在 γ/γ' 两相的浓度分布发生了明显的改变。通过加入 2％Ru 元素,使元素 Al 和 Ta 的分配比降低,表明,原本富集于 γ' 相的 Al 和 Ta 已转移至 γ 相中;元素 Cr, Co,Mo,W 的分配比提高,原本富集于 γ 相的元素已转移至 γ' 相中。以上结果表明,Ru 具有提高元素在 γ,γ' 两相溶解度,降低元素在 γ/γ' 两相分配比的作用。

　　有/无 Ru 合金中各元素在 γ,γ' 两相中总原子分布及分配比情况,示于表 7.2。由表可以看出,无 Ru 合金中各元素在 γ 基体的总原子分数为 41.99％,在 γ' 相的总原子分数为 29.65％;2％ Ru 合金中各元素在 γ 基体中的总原子分数为 43.58％,在 γ' 相中的总原子分数为 33.08％。由此可以看到,添加 2％Ru 后,γ' 相中的总原子分数明显增大,元素的总分配比由 1/1.42 减少至 1/1.32。结果表明,尽管 Ru 主要分布在 γ 基体中,但是加入 Ru 可以改变其他元素在 γ/γ' 两相的分配比,并提高合金中 γ' 相的合金化程度。

　　原子探针测定出有/无 Ru 合金中元素在 γ/γ' 两相近界面区域的浓度分布,如图 7.5 所示,其中,横坐标"0"点表示 γ/γ' 两相的界面,γ' 相位于界面的左侧区域,γ 基体位于界面的右侧区域。图中黑色曲线为无 Ru 合金中元素在 γ',γ 两相的浓度分布曲线,红色曲线为 2％Ru 合金中元素在 γ',γ 两相的浓度分布曲线。

　　有/无 Ru 合金中元素 Al 在 γ/γ' 两相区域的浓度分布,如图 7.5(a)所示。由图可以看到,Al 在左侧 γ' 相区具有较高浓度,右侧为 Al 元素在 γ 相的浓度分布,而在近 γ/γ' 两相界面区域各元素浓度分布存在较大浓度梯度。元素 Mo 在近 γ/γ' 两相界面区域的浓度分布,如图 7.5(d)所示。由于元素 Mo 在 γ/γ' 两相的分配比较高,故 Mo 元素在近 γ/γ' 两相界面区域的浓度梯度较小。元素 W 在近 γ/γ' 两相界面区域的浓度分布,如图 7.5(e)所示。由于无 Ru 和 2％Ru 合金含有 4％和 6％不相同的 W 含量,使两条曲线相距较远,W 在不同合金中 γ/γ' 两相中的原子浓度差相近,但有不同的分配比。此外,W 元素在近 γ/γ' 两相界面区域有较小的浓度梯度。根据有/无 Ru 合金中元素在 γ/γ' 两相界面区域的浓度分布可以得到结论,元素 Ru 可降低合金中元素在近 γ/γ' 两相界面区域的浓度梯度。图 7.5(g)是 Ru 在近 γ/γ' 两相界面区域的浓度分布,可以看出,Ru 主要富集 γ 相,同时 Ru 在近 γ/γ' 两相界面区域具有较小的浓度梯度。

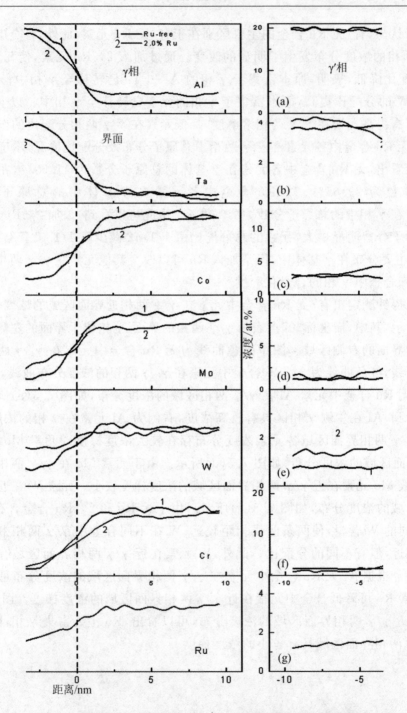

图 7.5　不同合金中元素在近 γ'/γ 两相界面区域的浓度分布

元素 Ta 和 Ru 在近 γ/γ′两相界面区域的浓度分布，如图 7.6 所示。由图可以看到，Ta 主要分布在 γ′相，Ru 主要分布在 γ 基体相中。在无 Ru 合金中，Ta 在 γ/γ′两相中有较大的浓度梯度。加入 Ru 后，元素 Ta 仍主要聚集在 γ′相，元素 Ru 聚集在 γ 相。但合金中元素 Ta 在近 γ′/γ 两相界面区域的浓度梯度发生了较大的变化，且元素 Ta，Ru 浓度互补，即随着 γ′相中 Ru 含量增加，γ′相中 Ta 浓度降低。其中，Ru 在近 γ/γ′两相界面区域浓度近线性增加，而 Ta 在近 γ/γ′两相界面区域浓度近线性减少。分析认为，元素 Ru/Ta 在该区域存在浓度互补的原因，归因于元素 Ru/Ta 在 Ni₃Al 的 γ′相中占据 Al 位置所致。随 Ru 溶入 γ′相占据 Al 的位置，则可排斥 Ta(Al)原子，使其排斥 γ′相。随 Ru 原子溶入 γ′相的数量增多，γ′相中排斥的 Ta(Al)原子数量增加，是使其浓度存在互补关系的主要原因。

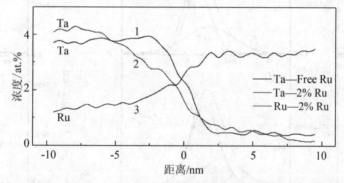

图 7.6　不同合金中元素在 γ/γ′两相界面附近的浓度分布曲线

综上，Ru 对元素在 γ/γ′相浓度分布的影响，可归纳如下：①Ru 富集于 γ 基体相；②降低 Al，Ta 在两相的分配比；③提高 Cr，Co，W 和 Mo 在 γ′相的溶解度；④降低 Al，Ta，W，Mo 在 γ/γ′两相的分配比；⑤Ru 可降低合金中各元素在 γ/γ′两相近界面区域的浓度梯度。

7.3　Ru 对晶格错配度和蠕变寿命的影响

7.3.1　Ru 对晶格错配度的影响

测定出有/无 Ru 合金在不同状态下的 XRD 曲线，如图 7.7 所示。采用 origin 软件对测定 XRD 曲线在特定角度进行 γ/γ′两相峰分离，再利用公式(7.1)(7.2)

和(7.3)分别计算出不同状态合金中的 γ/γ′相的晶格常数和错配度,列于表7.3。

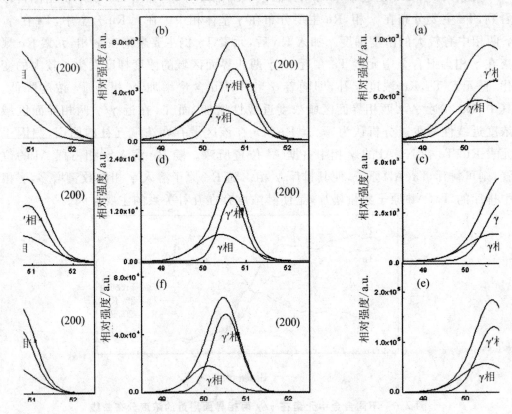

图7.7 不同状态有/无 Ru 合金的 XRD 曲线

测定出铸态无 Ru 和 2%Ru 合金的 XRD 曲线,如图 7.7(a)和 7.7(b)所示。由图可以看到,无 Ru 合金中 γ,γ′两相的合成衍射峰的底边较宽,表明合金中 γ 和 γ′两相的晶格常数有较大差别。合成衍射峰经峰分离后,其 γ 和 γ′相各自的衍射峰置于合成衍射峰之下。分别计算出无 Ru 和 2%Ru 两合金中 γ 和 γ′两相的晶格常数,及晶格错配度,列于表8.3。测算出,无 Ru 合金中 γ,γ′两相的晶格常数分别为 0.362 30 和 0.359 61nm,晶格错配度 δ=-0.745%。加入 Ru 元素后,使得 2%Ru 合金中 γ/γ′两相晶格常数略有增大,增加至 0.363 13 和 0.359 72nm,其中增加 2%Ru 合金 γ/γ′两相晶格错配度的原因,归因于 Ru 主要溶于 γ 基体,致使 γ 相晶格常数增大所致。

无 Ru 和 2%Ru 合金经完全热处理后的 XRD 曲线,如图 7.7(c)和 7.7(d)所示。与铸态合金相比,合金的合成衍射峰底边较窄,表明合金中 γ 和 γ′两相的晶格常数差别较小。合成衍射峰经峰分离后,γ 和 γ′两相的衍射峰置于合成衍射峰之下。计算出两合金中 γ 和 γ′两相的晶格常数及错配度,列于表 7.3。结果表明,与铸态合金相比,热处理态合金的晶格常数和错配度均大幅度减小。与无 Ru 合金相比,加入 Ru 元素使合金中 γ/γ′两相的晶格常数和错配度略有增大。

无 Ru 和 2‰Ru 合金经 780℃/800MPa 蠕变断裂后,测定的 XRD 曲线如图 7.7(e)和 7.7(f)所示。由图可以看到,与热处理状态合金相比,蠕变断裂后,两种合金中 γ/γ′两相的晶格常数均增大,其中 γ 相的晶格常数增大明显,故致使蠕变断裂合金的 γ/γ′两相错配度增大。这归因于合金在高温蠕变期间 γ 基体相的晶格常数被拉长所致。其中,与无 Ru 合金相比,2‰Ru 合金的晶格错配度增幅较大。

表 7.3　不同合金中 γ′和 γ 两相的晶格常数与错配度

状态	项目	无 Ru 合金	2‰Ru 合金
铸态	γ(nm)	0.36230	0.36313
	γ′(nm)	0.35961	0.35972
	错配度(%)	−0.745	−0.943
热处理态	γ(nm)	0.35988	0.36176
	γ′(nm)	0.35856	0.35998
	错配度(%)	−0.367	−0.4932
蠕变后	γ(nm)	0.36146	0.36391
	γ′(nm)	0.36007	0.36107
	错配度(%)	−0.385	−0.783

分析认为:铸态条件下,元素在枝晶干/间区域成分偏析较为严重,W、Mo 等元素偏析于枝晶干,由于其原子半径较大,因此,不同区域的 γ′和 γ 相具有不同的晶格常数。同时,枝晶间和枝晶干区域的 γ′相形貌差别较大,枝晶间 γ′相呈现尺寸较大的类球形,而枝晶干区域 γ′相呈现蝶状,二者尺寸也有较大差别,枝晶间区域的 γ′相尺寸较大,枝晶干区域的 γ′相尺寸较小。所以,合金枝晶干/间区域的 γ′和 γ 两相界面存在的晶格应变较大。其中,枝晶间/枝晶干区域的成分偏析较大,是不同区域的 γ′相尺寸、形貌有较大差别,是合金中 γ′/γ 相具有较大晶格错配度的主要原因。热处理期间,合金中各元素得到充分溶解,成分偏析得到明显改善,γ′相形貌由不规则的形态转变为正方体形态,且立方 γ′/γ 两相保持共格界面,所

以 γ'/γ 两相的晶格常数和晶格错配度略有减小。

与铸态合金相比,热处理态两合金的晶格错配度明显减小,表明 Ru 对铸态和热处理态合金中的 γ/γ' 两相的晶格错配度均有影响。这归因于元素 Ru 偏聚于 γ 基体相中,其原子半径大于 Ni,可增大 γ 基体相的晶格常数。虽然,Ru 也可溶入 γ' 相中,代替 Al(Ta)的位置,但是溶入量较少,而 γ 基体相中的晶格常数增幅较大,并使合金的晶格错配度成为负值。

此外,加入 Ru,使较多 Al,Ta 原子溶入 γ 相,使较多 Co,Mo,W,Cr 原子溶入 γ' 相,这种 Ru 可降低合金中各元素的分配比的行为称为 Ru 效应,也是使合金中 γ/γ' 两相晶格错配度减小的原因。

7.3.2　Ru 对蠕变寿命的影响

测定出有/无 Ru 合金在不同条件的蠕变曲线,如图 7.8 所示。其中,有/无 Ru 合金在 800℃/800MPa 测定的蠕变曲线,如图 7.8(a)所示。由图可以看出,两种合金在 800℃/800MPa 稳态蠕变期间的应变速率相近,测定出无 Ru 和 2%Ru 合金的蠕变寿命分别为 79h 和 85h。结果表明,元素 Ru 对合金中温蠕变抗力的影响程度较小。

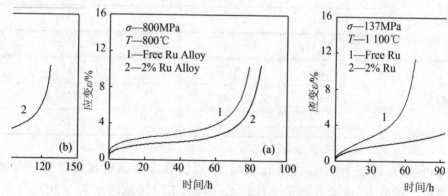

图 7.8　不同合金在 800℃/800MPa **和** 1100℃/137MPa **的蠕变曲线**

(a)800℃/800MPa;(b)1 100℃/137MPa

有/无 Ru 合金在 1 100℃/137MPa 测定的蠕变曲线,如图 7.8(b)所示。由图可以看到,无 Ru 合金在该条件下的蠕变寿命较短,仅为 68h,稳态蠕变阶段的应变速率较大,测定的无 Ru 合金的应变速率为 0.054 7%/h,且蠕变的三个阶段特征不明显。2%Ru 合金的蠕变寿命较长,达到 125h,与无 Ru 合金相比,蠕变寿命提高一倍。2%Ru 合金的蠕变曲线明显分为三个阶段,蠕变稳态阶段时间较长,约为

70h,应变速率较小,约为 0.039 7%/h。以上结果表明,Ru 对合金中温蠕变性能无明显影响,但可明显提高合金的高温蠕变性能。

7.4 Ru 及蠕变对浓度分布的影响

有/无 Ru 合金经 1 100℃/137MPa 蠕变断裂后,采用 3DAP 测定出近断口区域元素 Ta 和 Mo 在近 γ/γ' 两相界面区域的浓度分布,如图 7.9 所示。测定有/无 Ru 合金中各元素在 γ/γ' 两相的平均浓度,示于表 7.4。根据镍基合金中 Ta 和 Mo 在 γ/γ' 两相浓度分布的特点,确定出高 Ta 浓度区域为 γ' 相,高 Mo 浓度区域为 γ 相,如图中标注所示。

与图 7.2 相比,经 1 100℃/137MPa 蠕变断裂后,合金中 γ,γ' 两相的形态发生了明显的变化。其中,γ' 相转变为与应力轴垂直的筏状结构,且 γ,γ' 两相界面凸凹不平,并在无 Ru 合金 γ 基体中存在大量细小的 γ' 相。分析认为,蠕变断裂后,合金从 1 100℃快速冷却至室温,由于基体中溶质元素具有较高过饱和度,所以大量二次细小 γ' 相可自基体中析出,如图中黑色箭头所示。而 2%Ru 合金中未发现二次 γ' 相,这应归因于元素 Ru 可提高元素在 γ 基体的过饱和度,故可避免溶质元素过饱和析出。

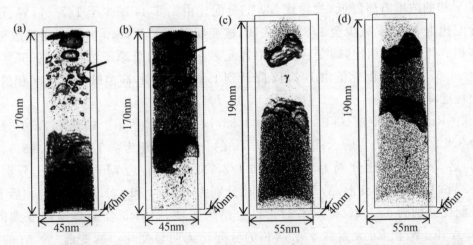

图 7.9 不同合金经 1 100℃/137MPa 蠕变断裂后元素 Ta 和 Mo 的浓度分布示意图
(a)Ta—无 Ru 合金;(b)Mo—无 Ru 合金;(c)Ta—2%Ru 合金;(d)Mo—2%Ru 合金

表 7.4 与表 7.2 的数据表明,无 Ru 合金蠕变前后,各元素的浓度分布发生较大变化,特别是元素 Al,Cr 在 γ/γ′两相浓度和分配比有所降低,其中,元素 Al 在γ′相的浓度由 18.91% 降低到 14.23%,在 γ 相中的浓度由 2.72% 降低到 2.41%,分配比则由 6.95/1 降低为 5.90/1。同样,与完全热处理态合金相比,蠕变后 Cr 在 γ′相的浓度由 1.68% 降低为 1.24%,在 γ 相中的浓度由 16.4% 降低到 13.91%,分配比由 1/9.74 降低为 1/11.20。结果表明,高温蠕变期间,试样表面 Al,Cr 原子与空气中氧原子发生反应,生成 Al_2O_3 和 Cr_2O_3 氧化物,并在高温蠕变期间脱落,是致使蠕变后合金中 Al,Cr 元素浓度降低的主要原因。

表 7.4　经 1 100℃/137MPa 蠕变断裂后,元素在 γ/γ′相的浓度分布(原子分数,at.%)

合金	区域	Al	Ta	Cr	Co	Mo	W	Ru	Total
无 Ru	γ 相	2.41	0.45	13.91	11.14	8.97	2.82	0	39.70
	γ′相	14.23	4.62	1.24	3.02	1.14	0.32	0	24.57
	比例	5.90/1	10.27/1	1/11.20	1/3.69	1/7.87	1/8.81	—	1/1.62
2% Ru	γ 相	4.48	0.51	11.89	10.85	6.91	2.33	3.19	40.16
	γ′相	15.31	3.53	1.89	3.94	2.17	1.69	1.38	29.91
	比例	3.42/1	6.92/1	1/6.29	1/2.75	1/3.18	1/1.38	1/2.31	1/1.34

与热处理态合金相比,蠕变后无 Ru 合金中 W,Mo 在 γ 基体的浓度有所增加,而在 γ′相的浓度有所降低,故导致 Mo 的分配比由 1/5.44 减少至 1/7.87,W 元素的分配比由 1/2.85 减少至 1/8.81,表明,蠕变期间元素 W,Mo 可由 γ′相扩散至 γ 基体相。与蠕变前相比,蠕变后合金中各元素在 γ′相的总原子浓度由 29.65% 降低至 24.57%,总分配比值由 1/1.42 降低到 1/1.62,表明,高温蠕变可使 γ′相的合金化程度降低。

2%Ru 合金蠕变前 Al 的分配比为 3.88/1,如表 7.2 所示。蠕变后 Al 的分配比为 3.42/1,如表 7.4 所示;蠕变前/后 Ta 的分配比分别为 7.18/1 和 6.92/1;蠕变前/后 Co 的分配比分别为 1/2.67 和 1/2.75;蠕变前/后 Mo 的分配比分别为 1/3.22 和 1/3.18;蠕变前/后 W 的分配比分别为 1/1.31 和 1/1.38;蠕变前/后 Ru 的分配比分别为 1/2.21 和 1/2.31。以上结果表明,2%Ru 合金高温蠕变期间,Ta,Co,Mo,W 和 Ru 元素在 γ/γ′两相的分配比无明显变化。蠕变前/后 Al 的分配比分别为 3.88/1 和 3.42/1。

合金蠕变前/后 Cr 的分配比分别为 1/7.64 和 1/6.29,Al 和 Cr 元素分配比发生变化,分析认为,这是由于元素 Al,Cr 在高温蠕变期间与空气中的氧气发生氧化反应所致。各元素的总原子浓度分配比也无明显变化,如表 7.4 和表 7.2 所示,这说明 γ′相合金化程度没有明显改变。分析认为,这是由于 Ru 与 Co,W,Mo 等元素有较强的结合能力,抑制这些元素向 γ 相中扩散,最终促使了各元素的浓度分配比保持不变。W,Mo 等元素更多地分布在 γ′相中,可以提高 γ′相的合金化程度,提高 γ′相的强度,同时 W,Mo 等元素难以向 γ 相中扩散,也降低了 γ 相中难熔元素的含量。

　　前文中设计及制备的一种 6%W 无 Ru 合金,在蠕变期间有大量 TCP 相析出,故蠕变性能较差。而本章所设计的 6%W/2%Ru 合金蠕变期间无 TCP 相析出,且蠕变性能较好,尤其在 1 100℃/137MPa 条件下,合金的蠕变寿命高达 125h。分析认为,加入 Ru 使合金较多 Al,Ta 和 Mo,W,Cr 原子溶入 γ 和 γ′相中,降低分配比值,从而防止 W,Ta,Mo 等难熔元素在蠕变期间发生偏聚,而抑制难熔元素的过饱和析出。所以,Ru 具有抑制 TCP 相析出的作用。

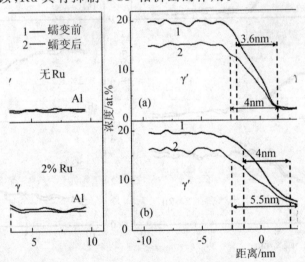

图 7.10　有/无 Ru 合金蠕变前后,Al 在近 γ/γ′两相界面区域的浓度分布

　　两种合金蠕变前/后元素 Al 在 γ/γ′两相界面区域的浓度分布,如图 7.10 所示。其中,曲线 1 为合金蠕变前 Al 在近 γ/γ′两相界面区域的浓度分布特征,曲线 2 为合金 1 100℃/137MPa 蠕变断裂后,Al 在近 γ/γ′两相界面区域的浓度分布特征。定义元素 Al 在 γ 相浓度的 110%以及元素 Al 在 γ′相浓度的 90%为特征标志点,二者之间的区域为 γ/γ′两相的成分过渡区。

　　由图 7.10 可以看到,无 Ru 合金蠕变前其 γ/γ′两相过渡区域的宽度为

3.6nm,蠕变断裂后 γ/γ' 两相过渡区域的宽度为 4nm;2%Ru 合金蠕变前 γ/γ' 两相之间过渡区域的宽度为 4nm,蠕变后 γ/γ' 两相之间过渡区域的宽度为 5.5nm。蠕变前后两种合金中,过渡区域尺寸的变化表明,高温蠕变期间,合金中 γ/γ' 两相过渡区域的宽度明显增大。对其原因分析认为,高温蠕变期间,γ' 相发生明显的筏形化转变,使原来立方 γ' 相沿垂直于应力轴方向转变成 N-型筏状结构。同时,筏状 γ/γ' 两相之间的界面转变为凸凹不平形态,如图 7.9 所示。筏状 γ/γ' 两相粗化程度增加,晶格常数增大,使 γ/γ' 两相界面凸凹不平尺寸增加,这是致使合金在蠕变期间 γ/γ' 两相过渡区域宽度增加的主要原因。此外,与无 Ru 合金相比,在蠕变前/后,2%Ru 合金中的 γ/γ' 两相过渡区域宽度尺寸增加较大。

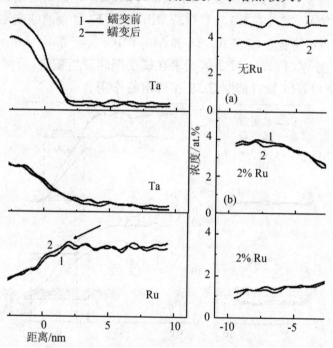

图 7.11 不同合金蠕变断裂后,Ta 和 Ru 在 γ/γ' 两相界面区域的浓度分布

不同合金蠕变前/后元素 Ta 和 Ru 在近 γ/γ' 两相界面区域的浓度分布,如图 7.11 所示。其中,无 Ru 合金中元素 Ta 的浓度分布曲线,如图 7.11(a)所示,可以看到,蠕变前/后元素 Ta 在近 γ/γ' 两相界面区域的浓度分布发生了明显的变化,在 γ' 相的浓度由 3.72% 提高至 4.62%,其在 γ/γ' 两相中的分配比由 8.28/1 提高至 10.27/1。这表明,高温蠕变可使元素 Ta 在 γ' 相中的浓度进一步提高。

分析认为,Ta 和 Al 是 γ' 相的主要形成元素,蠕变中,大量 Al 发生氧化反应导致浓度降低,Ta 可代替 Al 的位置,故导致元素 Ta 在 γ′相的浓度提高。同时,近 γ/γ′两相界面区域的浓度梯度也随高温蠕变进行而增大。2％Ru 合金中元素 Ta 的浓度分布曲线,如图 7.11(b)所示。由图可以看到,蠕变前 Ta 在 γ/γ′两相中的分配比为 7.18/1,蠕变后 Ta 在 γ/γ′两相中的分配比降低至 6.92/1。表明,在蠕变前/后元素 Ta 在 γ/γ′两相界面区域的浓度无明显变化。

元素 Ru 在近 γ/γ′两相界面区域的浓度分布,如图 7.11(c)所示。由图可以看到,蠕变前/后的浓度分布曲线相互交织无明显差别,表明,高温蠕变对 Ru 的浓度分布无影响。但蠕变后,在靠近界面的 γ 基体一侧存在峰值浓度,如图中黑色箭头所示,归因于 Ru 元素由 γ′相迁移至 γ 相,发生原子聚集所致。该峰值较小,说明原子在该区域聚集并不明显,此外,由于 Ru 在基体中有较大的扩散系数,可进行长程扩散,也是 Ru 原子不发生偏聚的另一原因。

无 Ru 合金蠕变前/后 W,Mo 在近 γ/γ′两相界面区域的浓度分布,如图 7.12 所示。其中,曲线 1 表示蠕变前,曲线 2 表示蠕变后。元素 Mo 蠕变前后的浓度分布曲线,如图 7.12(a)所示,可以看到,右侧红色曲线高于黑色,左侧红色曲线低于黑色,表明蠕变期间,γ′相中 Mo 元素可向 γ 基体迁移。在两相界面的过渡区域,红色曲线有更大的斜率,表明蠕变期间,元素 Mo 在过渡区具有更大的浓度梯度。此外,在两相界面近 γ 基体一侧 Mo 元素具有一个峰值浓度,如图中黑色箭头所示。

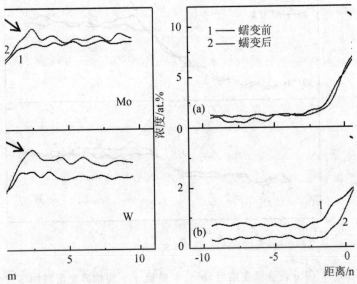

图 7.12　无 Ru 合金蠕变前后,Mo,W 在近 γ/γ′两相界面区域的浓度分布

分析认为,热处理前,无 Ru 合金高浓度 Mo 元素分布在 γ/γ' 两相中,随蠕变进行,合金中 γ' 转变为筏状结构,并发生粗化,使两相界面发生迁移,在高温及施加应力作用下,使较大半径的 Mo 原子被排出 γ' 相,导致 Mo 元素富集于近相界面的 γ 相一侧。同时,由于 Mo 元素具有较低的扩散系数,难以在基体中长程扩散,因此可使其在近相界面区域存在峰值浓度。

蠕变前后元素 W 在近 γ,γ' 两相界面区域的浓度分布曲线,如图 7.12(b) 所示。由图可以看到,蠕变前/后元素 W 在 γ/γ' 两相的浓度分布和浓度梯度变化更为明显,这与表 7.2 和表 7.3 的数据及浓度分配比相对应。此外,W 在近相界面的 γ 基体一侧也同样存在峰值,如图中黑色箭头所示。结果表明,元素 W 和 Mo 在近相界面区域存在相近的浓度分布特点,其中,高温蠕变对元素 W 在两相浓度分布和界面浓度梯度有较大程度的影响。所以,当无 Ru 合金中 W 的含量由 4% 提高至 6% 时,合金中析出大量 TCP 相。

2%Ru 合金蠕变前/后,元素 Mo 和 W 在近 γ/γ' 两相界面区域的浓度分布,如图 7.13 所示。图中曲线 1 为蠕变前的分布曲线,曲线 2 为蠕变后的分布曲线。由图 7.13 可知,2%Ru 合金在 γ/γ' 两相的浓度分布有相似特点,蠕变前/后元素 Mo,W 的浓度分布曲线相互交织,表明 2%Ru 合金中元素 W,Mo 在蠕变前/后的浓度分布及近相界面的浓度梯度均无明显变化。

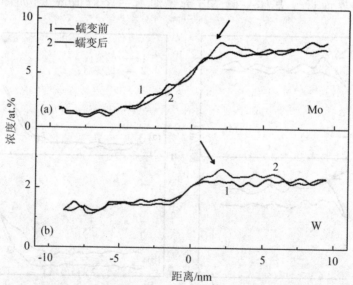

图 7.13 2%Ru 合金蠕变前后,Mo、W 在近 γ/γ' 两相界面区域的浓度分布

分析认为，Ru 原子本身可占据 γ′相中 Ni_3Al 中 Al 的位置[11]，虽然 Ru 主要富集于基体中，但其分配比为 1/2.21，表明仍有大量 Ru 原子溶入 γ′相，又因为 Ru 元素具有吸附作用[12]，W，Mo 等元素可吸附于 Ru 原子周围与 Ru 原子一起溶入 γ′相中，所以与无 Ru 合金相比较，2%Ru 合金中 W，Mo 元素在近 γ，γ′两相中的浓度分布及浓度梯度并没有因为高温蠕变而发生明显改变。2%Ru 合金中 W，Mo 元素在近界面 γ 相一侧出现了峰值浓度，如图中黑色箭头所示，其中 Ru 效应可吸附较多 W，Mo 原子溶入 γ′相，是使其 W，Mo 浓度无明显变化的主要原因。但与无 Ru 合金相比，W，Mo 峰值浓度较小。

蠕变前/后，有/无 Ru 合金中元素 Co 在 γ′/γ 两相界面区域的浓度分布，如图 7.14 所示。其中图 7.14(a)为无 Ru 合金中 Co 的浓度分布曲线，图 7.14(b)为 2%Ru 合金中 Co 的浓度分布曲线，图中曲线 1 为蠕变前，曲线 2 为蠕变后。由图可以看到，蠕变前/后有/无 Ru 合金中元素 Co 在的浓度分布及浓度梯度均无明显差别。这与 Co 可替代 Ni_3Al 中 Ni 原子位置有关。其中，元素 Co 无浓度峰值的原因，归因于 Co 在基体有较大的扩散系数，易于发生长程扩散，致使 Co 不易在近相界面富集。

图 7.5 和表 7.2 中的数据表明，Ru 对热处理态合金中各元素在 γ/γ′两相中浓度分布有影响。加入 2%Ru，使元素 Al，Ta 在 γ/γ′两相的分配比减小，使元素 Cr，Co、W，Mo 在 γ/γ′两相的分配比增大。

Ofori 等人[13]的研究表明，γ′相的体积分数与 Ru 效应有关，其中，Ru 可以使更多的 Al，Ta 原子溶入 γ 基体，溶入 γ 基体的 Al、Ta 原子又可间接排斥原子 Mo，Cr，W，Co，使其溶入 γ′相。这与 Ru 效应相一致。

元素按竞争机制分配在 γ′/γ 两相中，表 7.2 数据表明，不同合金中元素在 γ/γ′两相有不相同的分配比，通过分配比的变化，可以间接了解各元素在 γ′相的溶解度变化。各元素在 γ′相溶解度依次为：在无 Ru 合金中，Cr＜Mo＜Co，而在 2%Ru 合金中，Cr＜Co＜Mo＜Ru。故 Ru 可增加 Mo 在 γ′相的溶解度。当加入的 Ru 部分优先溶入 γ′相，并占据 Ni_3Al 中 Al 或 Ta 的位置，其他三种元素也会不同程度地占据 Al(Ta)的位置，其中替换 Al/Ta 原子可溶入 γ 基体相。这一点可以通过图 7.6 得到验证，元素 Ru 和 Al，Ta 在近相界面区域的浓度梯度比较平缓，Al(Ta)与 Ru 二者的浓度分布存在互补特征。由此可推断，随元素溶入 γ′相，占据 Ni_3Al 中的 Al 位置，可致使 Ni_3Al 中 Al 原子数量减少。这是使 Al(Ta)与 Ru 在 γ′，γ 两相存在浓度互补的主要原因。

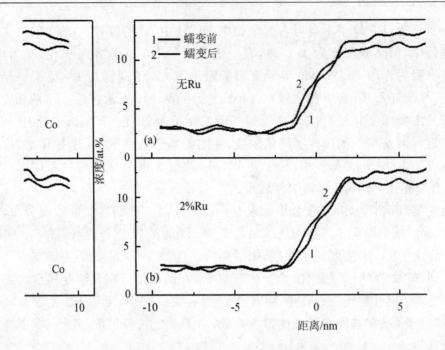

图 7.14　不同合金蠕变前后,Co 在 γ/γ′两相界面区域的浓度分布

此外[14],当元素 W 溶入 γ′相时,Ni-W 的结合能为－714.8eV,Ru-W 的结合能为－715.62eV;元素 Mo 溶入 γ′相时,Ni-Mo 的结合能为－713.46eV,Ru-Mo 的结合能为－714.31eV。数据表明,随合金中加入 Ru 后,元素 W,Mo 与 Ru 的结合力大于 W,Mo 与 Ni 的结合力,特别是 Ru 与 Mo,W 的相互作用。当溶入的 Ru 原子占据 γ′相中 Al(Ta)位置时,可携带一定数量的 W,Mo 原子溶入 γ′相,这是含 Ru 合金中 W,Mo 在 γ′相的浓度较高的主要原因。

蠕变后,两种合金元素在 γ′,γ 两相浓度分布表明,Ru 及蠕变对合金中各元素在 γ′/γ 两相的浓度分布有影响,其中,蠕变期间 Ru 可抑制 W,Mo 原子向 γ 相迁移,使各元素在 γ/γ′两相的分配比维持不变。因此,元素 Ru 可改善合金的组织稳定性,抑制 TCP 相的析出。

7.5　含 Ru 合金的蠕变行为与变形机制

7.5.1　合金的蠕变行为

合金在 760～800℃,760～800MPa 的蠕变曲线,如图 7.15 所示。蠕变应力为 800MPa 施加不同温度的蠕变曲线,如图 7.15(a)所示。当施加应力为 800MPa,蠕变温度为 760℃时,合金在稳态阶段的持续时间约为 240h,测定的应变速率仅为 0.00213%/h,蠕变寿命为 358h;随温度提高到 780℃,合金在蠕变稳态阶段的应变速率增大至 0.0191%/h,合金的蠕变寿命下降至 149h,寿命降幅高达 58%,表明当施加应力为 800MPa,蠕变温度大于 780℃时,合金表现出较强的施加温度敏感性。随温度提高到 800℃,蠕变稳态阶段的应变速率再次增大,合金的蠕变寿命再次降低至 85h。

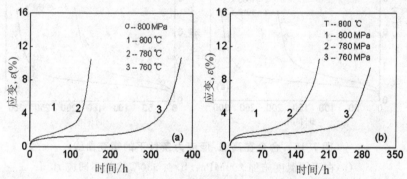

图 7.15　合金在中温/高应力条件下的蠕变曲线

(a)在不同温度施加 800MPa;(b)在 800℃施加不同应力

在 800℃施加不同应力测定的蠕变曲线,如图 7.15(b)所示。当施加应力为 760MPa 时,合金在蠕变稳态阶段的应变速率为 0.00478%/h,蠕变寿命为 297h,蠕变稳态阶段持续是时间为 220h。随施加应力提高到 780MPa,合金在蠕变稳态阶段的应变速率提高至 0.0087%/h,合金的蠕变寿命降低至 188h。当施加应力进一步提高至 800MPa,合金的蠕变寿命急剧降低至 85h。

合金在 980～1 010℃和 200～240MPa 施加温度和应力范围内,测定的蠕变曲线,如图 7.16 所示。合金分别在 980℃、1000℃、1010℃施加 200MPa 应力测定的蠕变曲线,分别对应于图 7.16(a)的曲线 1、2、3。合金在不同温度测定的蠕变寿命分别为 299h、190h 和 112h,合金在稳态蠕变期间持续的时间分别为 250h、129h、65h,测定出合金在稳态期间的应变速率分别为 0.0054%/h、0.0122%/h 和 0.0165%/h。可以看出,随着蠕变温度提高,合金的蠕变寿命急剧降低,稳态蠕变时间缩短,应变速率增大。这表明,合金在 980～1 010℃和 200～240MPa 施加温度和应力范围内具有较强的温度敏感度。

当蠕变温度为 980℃,施加应力分别为 200MPa、220MPa、240MPa 测定的蠕变曲线,如图 7.16(b)所示。曲线 1 为 980℃,200MPa 测定的蠕变曲线,测定出合金的蠕变寿命为 299h,随施加应力提高到 220MPa 和 240MPa,合金的蠕变寿命逐渐降低至 190h 和 85h,如图中曲线 2 和曲线 3 所示。特别是后者,蠕变稳态阶段的时间较短,应变速率较大,测定出合金的应变速率达到 0.0478%/h,稳态阶段持续的时间仅为 40h。随着施加应力的提高,合金的蠕变寿命大幅降低的事实表明,合金在该条件对施加应力有较强的敏感性。

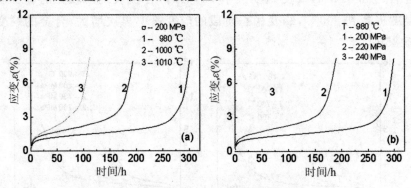

图 7.16　合金在高温/低应力条件下的蠕变曲线
(a)在不同温度施加 200MPa;(b)在 980℃施加不同应力

合金在 1 070～1 100℃,120～147MPa 测定的蠕变曲线,如图 7.17 所示。合金施加 137MPa、在不同温度测定的蠕变曲线,如图 7.17(a)所示,当蠕变温度为 1070℃时,合金处于蠕变稳态阶段的时间较长,测定出应变速率为 0.0087%/h,蠕变 383h 发生断裂。温度提高至 1080℃,合金的蠕变寿命大幅降低至 220h,蠕变寿命降幅达 43%,表明,当施加应力为 137MPa,温度高于 1070℃时,合金表现出较强的施加温度敏感性。进一步当温度提高至 1100℃,合金的蠕变寿命降低至 125h。

合金在 1100℃施加不同应力测定的蠕变曲线,如图 7.17(b)所示。可以看到,施加应力为 120MPa、137MPa、147MPa 时,合金在稳态蠕变阶段的应变速率分别为 0.0203%/h、0.0397%/h、0.0563%/h,合金的蠕变寿命分别为 218h、125h、51h,随施加应力提高,合金的蠕变寿命大幅度降低,当应力由 137MPa 提高至 147MPa,合金的蠕变寿命由 125h 降低至 51h,降低幅度达 145%。表明,合金在 1100℃施加应力大于 120MPa 时,表现出较强的施加应力敏感性。

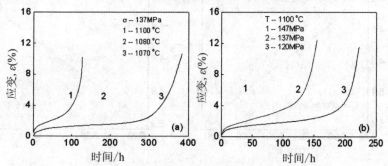

图 7.17　合金在高温/低应力测定的蠕变曲线

(a)在不同温度施加 137MPa;(b)1100℃施加不同应力

根据图 7.15 计算出合金在中温/高应力蠕变稳态期间的应变速率,绘制出应变速率与蠕变温度、应力之间的关系曲线,如图 7.18 所示。其中,应变速率与温度之间的关系曲线,如图 7.18(a)所示;应变速率与应力之间的关系曲线,如图 7.18(b)所示。根据图 7.18,在施加 760~800℃温度和 760~800MPa 应力范围内,计算出合金在稳态蠕变阶段的表观蠕变激活能和应为指数分别为 $Q = 475$ kJ/mol 和 $n = 14.9$。根据 n 值可以初步推断,合金在蠕变稳态期间的变形机制是位错在基体中滑移和剪切进入 γ' 相。

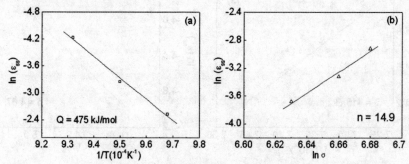

图 7.18　2%Ru 合金稳态蠕变期间应变速率与温度/施加应力的关系

(a)温度与应变速率的关系;(b)应力与应变速率的关系

根据图 7.16 计算出合金在施加 980~1010℃温度和 200~240MPa 应力范围内的应变速率,并绘制应变速率与蠕变温度、应力之间的关系,如图 7.19 所示。根据图 7.19,计算出合金在 $980\sim1\,010℃$ 温度和 $200\sim240MPa$ 应力范围内稳态蠕变期间的表观蠕变激活能为 $Q=460.4kJ/mol$,应力指数为 $n=5.3$。根据 n 值可以判断,合金在蠕变稳态阶段的变形机制是位错攀移越过 γ' 相。

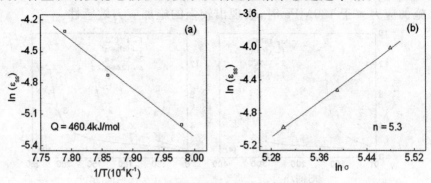

图 7.19　2%Ru 合金稳态蠕变期间应变速率与施加温度、应力的关系
(a)温度与应变速率的关系;(b)应力与应变速率的关系

根据图 7.17 计算出合金在 $1\,070\sim1\,100℃$,$120\sim147MPa$ 高温/低应力稳态蠕变期间的应变速率,绘制出应变速率与蠕变温度、应力之间的关系曲线,分别如图 7.20(a)、(b)所示。根据图 7.20,在 $1\,070\sim1\,100℃$ 温度和 $120\sim147MPa$ 应力范围内,计算出合金在稳态蠕变期间的表观蠕变激活能和应为指数,分别为 $Q=416.8kJ/mol$ 和 $n=4.67$。根据 n 值可以推断,合金在蠕变稳态期间的变形机制是位错在基体中滑移和攀移越过 γ' 相。

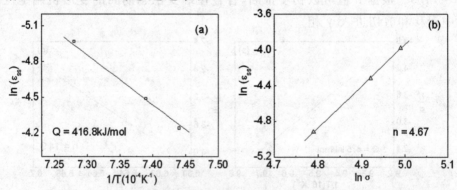

图 7.20　2%Ru 合金稳态蠕变期间应变速率与施加温度、应力的关系
(a)温度与应变速率的关系;(b)应力与应变速率的关系

蠕变激活能是合金实现蠕变所需要的能量,其数值大小表示合金蠕变的难易程度,数值越大表明蠕变需要的能量越多,蠕变进行越困难。比较有/无 Ru 合金中温/高应力的蠕变激活能数值,可以发现,2%Ru 合金的蠕变激活能稍大于无

Ru,这是中温/高应力 2%Ru 合金蠕变寿命更长的原因。而对比有/无 Ru 合金高温/低应力的蠕变激活能数值发现,两者数值相近,但两种合金的蠕变寿命差别较大,说明合金蠕变性能提高的原因是多方面的。

中温/高应力条件下,有/无 Ru 合金应力指数值相近,均在 14 左右,表明有/无 Ru 合金稳态阶段变形机制均是位错在基体中滑移和剪切进入 γ′相。高温/低应力条件下,有/无 Ru 合金应力指数值也相近,均在 4.6 左右,表明有/无 Ru 合金稳态阶段变形机制均是位错在基体中滑移和攀移越过 γ′相。

综上所述,加入 Ru 对合金中温/高应力的蠕变激活能有影响,蠕变激活能增加。而对高温/低应力的蠕变激活能无明显影响。此外,无论是在中温/高应力还是在高温/低应力蠕变期间,Ru 对合金蠕变稳态阶段的变形机制均无影响。

7.5.2　蠕变期间的组织演化

2%Ru 合金在 800℃,800MPa 蠕变断裂后,不同区域的组织形貌,如图 7.21 所示。图 7.21(a)是断裂合金观测点的示意图,双箭头表示为施加应力方向。图 7.21(b)为试件 A 区域的组织形貌图,由于该区域远离断口,所受有效应力较小,与热处理态相比,组织形貌无明显变化。随观测点接近断口区域,γ/γ′两相的扭曲程度加重,γ′相尺寸增大,沿水平方向 γ 基体通道尺寸增加,γ′相立方度变差,部分相邻 γ′相互相连接形成串状。断口区域的组织形貌,如图 7.21(f)所示。该区域的大量相邻 γ′相发生了串化,γ′相尺寸增加,扭曲加重。与无 Ru 合金相比,2%Ru 合金中 γ′相保持了较完整的形貌,扭曲程度相对也较小。

2%Ru 合金经 1100℃,137 MPa 蠕变断裂后,不同区域的组织形貌,如图 7.22 所示。图 7.22(a)为观察区域示意图,图中双箭头为施加应力轴方向。图 7.22(b)为 A 区域的组织形貌,该区域远离断口,为低应力区域。可以看到,该区域 γ′相处于向筏形化转变期间,已有较多相邻 γ′相相互连接,形成串状结构。

B 区域的组织形貌如图 7.22(c)所示。可以看到,该区域的 γ′相已形成 N-型筏状结构,γ′相保持了较好的连续性,且 γ/γ′两相的平直性较好,基本没有扭折。C 区域的组织形貌如图 7.22(d)所示。随观测区域逐渐接近断口,应力增大,γ/γ′两相扭曲程度加重,γ′相粗化程度增大。D 区域的组织形貌图 7.22(e)所示,该区域已经接近断口,γ/γ′两相出现了明显的扭折,其 γ′相连续性遭到破坏。E 区域的组织形貌如图 7.22(f)所示,该区域是断口区域,发生颈缩,故该区域的 γ′相扭折最为严重,其筏状 γ′已与应力轴呈约 70°角度倾斜。

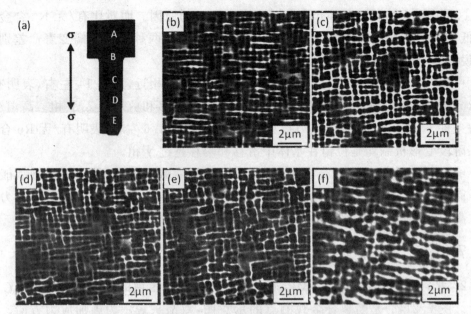

图 7.21 2‰Ru 合金经 800℃,800MPa 蠕变断裂后,试样不同区域的组织形貌

(a)样品观察区域示意图;(b)A 区域形貌;(c)B 区域形貌;

(d)C 区域形貌;(e)D 区域形貌;(f)E 区域形貌

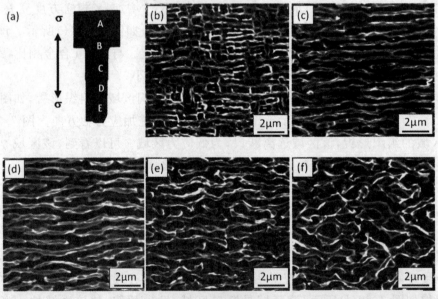

图 7.22 2‰Ru 合金经 1 100℃,137MPa 蠕变断裂后,试样不同区域的组织形貌

(a)样品观察区域示意图;(b)A 区域形貌;(c)B 区域形貌;

(d)C 区域形貌;(e)D 区域形貌;(f)E 区域形貌

2%Ru 合金经 980℃,200MPa 蠕变不同时间的组织形貌,如图 7.23 所示。图 7.23(a)为合金蠕变 4h 的组织形貌,可以看到,此时 γ′ 相没有完全形成筏状结构,部分 γ′ 相仍然以共格的方式镶嵌在基体中。某区域放大形貌,如图 7.23(c)所示,可以看出,γ/γ′ 两相界面存在大量位错网,该位错认为合金在蠕变初期所示形成。

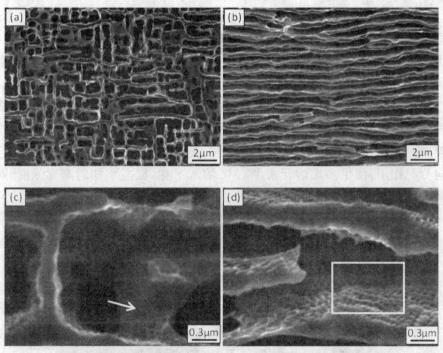

图 7.23　2%Ru 合金在 980℃,200MPa 蠕变不同时间的组织形貌
(a)蠕变 4h 的组织形貌;(b)蠕变 100h 的组织形貌;(c)蠕变 4h 的放大组织形貌;
(d)蠕变 100h 的放大组织形貌

合金蠕变 100h 后的组织形貌,如图 7.23(b)所示。可以看到,当合金处于稳态蠕变阶段时,γ′ 相已完全转化为与应力轴垂直的筏状结构。图 7.23(d)是合金该区域的放大组织形貌,可以看出,在相界面存在大量规则排列的位错网,如图中白色线框所示。分析认为,位错网结构可有效阻碍位错切入 γ′ 相,提高合金蠕变抗力。

7.5.3　蠕变期间的变形机制

2%Ru 合金经 760℃,800MPa 蠕变 100h 的组织形貌,如图 7.24 所示。合金蠕变 100h 已进入稳态蠕变阶段,可以看到,γ′ 相仍然保持立方体形态,与蠕变前相比,立方 γ′ 相边角出现钝化,立方度降低。此外,已有大量位错在基体中滑移,如图 7.24(a)中 A 区域所示。与无 Ru 合金相比,2%Ru 合金中 γ′ 相有更好的立方度,但合金中仍有相邻 γ′ 相相互连接,呈现出现串状形态特征。

组织观察表明,合金中已有部分位错剪切进入 γ′ 相,如图 7.24(b)中黑色箭头所示,其中,剪切进入 γ′ 相的位错可发生分解,形成两个(1/3)<112>超 Shockly 不全位错加层错的组态。分析认为,由于 γ′ 相的强度大于 γ 相,因此,蠕变期间,位错优先在 γ 相中激活和滑移,随基体中位错数量增多,产生应力集中。当应力集中值大于 γ′ 相的屈服强度时,位错可剪切进入 γ′ 相。其中部分位错可分解,形成两个(1/3)<112>超 Shockly 不全位错加层错的组态,因此,2%Ru 合金在蠕变稳态阶段的变形机制是位错在基体中滑移和剪切进入 γ′ 相,且剪切进入 γ′ 相的位错数量较少。因此,与无 Ru 合金相比,含 Ru 合金有较好的蠕变抗力,其原因是 Ru 有逆向分配作用,使更多难熔元素 W、Mo 溶入 γ′ 相,提高 γ′ 相的高温强度,同时也是位错难以剪切进入 γ′ 相的主要原因。

图 7.24 2%Ru 合金经 760℃,800MPa 蠕变 100h 的位错组态
(a)位错在基本中滑移;(b)位错分解形成的层错

2%Ru 合金经 760℃,800MP 蠕变不同时间的组织形貌,如图 7.25 所示。合金蠕变 200h 的微观组织形貌,如图 7.25(a)所示。可以看到,蠕变 200h 后,合金中 γ′ 相仍然保持立方体形态。但已有较多位错剪切进入 γ′ 相,其中,部分 γ′ 相中的位错已发生分解,形成了不全位错+层错的位错组态。

图 7.25(b)是 2%Ru 合金蠕变 358h 断裂后的微观组织形貌,与稳态蠕变阶段的组织形貌相比,蠕变断裂后合金中层错的数量减少,已有大量位错剪切进入 γ′ 相。与无 Ru 合金相比,2%Ru 合金蠕变断裂后 γ′ 相仍然保持较好的立方体形态,而无 Ru 合金中 γ′ 相已发生类球化,相邻 γ′ 相已相互连接,形成了串状结构。这应归因于 Ru 的"逆向分配"效应,使较多难熔元素溶入 γ′ 相,提高强度所致。Ru 效应也可降低其他元素的扩散速率,此外,Ru 与 W、Mo 等元素的交互作用,也可降

低元素的扩散速率,是致使 γ′ 相保持较好立方度的主要原因。

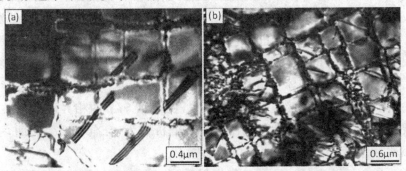

图 7.25　2%Ru 合金在 760℃,800MPa 蠕变不同时间的组织形貌
(a)蠕变 200h;(b)蠕变断裂后

2%Ru 合金经 1100℃,137MPa 蠕变不同时间的微观组织形貌,如图 7.26 所示。图 7.26(a)为合金蠕变 30h 的组织形貌,此时,合金的蠕变已进入稳态阶段,γ′ 相已经转变为平直的 N-型筏状结构,筏状 γ′ 相的厚度约为 0.4μm,基体通道尺寸约为 0.2μm。可以看到,基体中存在位错滑移,γ/γ′ 两相界面存在位错网,如图中白色箭头所示,但 γ′ 相中无位错的事实表明,合金在稳态蠕变期间的变形机制为位错在基体中滑移和攀移越过 γ′ 相。

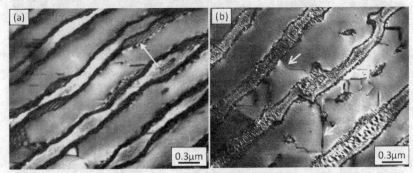

图 7.26　合金经 1100℃,137MPa 蠕变不同时间的组织形貌
(a)蠕变 30h;(b)蠕变 90h

2%Ru 合金蠕变 90h 的微观组织形貌,如图 7.26(b)所示。此时合金蠕变仍然处于稳态阶段。可以看到,γ′ 相仍然呈现 N 型筏状结构,并保持较好的连续性,筏状 γ′ 相的尺寸为 0.4~0.6μm,与蠕变 30h 相比,γ′ 相尺寸有所增大。γ 基体的尺寸为 0.2~0.3μm,基体中存在大量位错,γ/γ′ 两相界面存在位错网,同时,有少量位错剪切进入 γ′ 相。

2%Ru 合金经 1100℃,137MPa 蠕变断裂后,不同区域的微观组织形貌,如图

7.27 所示。其中,远离断口区域的组织形貌,如图 7.27(a)所示,图中黑色双箭头为施加应力轴方向。表明,蠕变断裂后,在远离断口区域的筏状 γ′相已发生扭曲变形,合金中有较多位错剪切进入筏状 γ′相。蠕变断裂后,在近断口区域的微观组织形貌,如图 7.27(b)、(c)所示。可以看到,合金近断口区域的组织形貌扭曲程度加剧。有大量位错在基体中滑移,如图 7.27(b)所示。位错的滑移迹线如图中白色箭头所示,图中滑移迹线 1 呈现弯曲状,在筏状 γ/γ′两相界面存在位错网,如图中区域 A 所示,并在区域 B 存在位错列。分析认为,合金在蠕变后期,主次滑移系交替开动,可导致筏状 γ/γ′两相扭曲加剧。

2%Ru 合金近断口另一区域的组织形貌,如图 7.27(c)所示。可以看到,该区域筏化 γ/γ′两相扭曲严重,原本连续的 γ 基体被扭折断裂,图中 C、D 区域为分离的 γ 基体两区域,由于镍基单晶合金的 γ 基体相塑性较好,因此,扭折的基体可导致合金的塑性降低。此外,在近断口区域,可观察到大量位错剪切进入 γ′相,并致使部分筏状 γ′相扭折,其中,弯曲的位错线如图中黑色箭头所示。

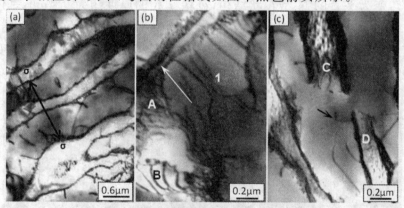

图 7.27 2%Ru 合金经 1100℃,137MPa 蠕变断裂后的微观组织形貌
(a)远断口区域;(b)近断口区域;(c)近断口区域

合金经 1 000℃,200MPa 蠕变不同阶段的微观组织形貌,如图 7.28 所示。合金蠕变 50h 已进入稳态阶段,此时 γ′相已沿垂直于应力轴方向形成 N-型筏状结构,γ/γ′两相界面存在大量位错网,如图 7.28(a)中黑色箭头所示,γ′相中无位错切入。合金蠕变至 90h 已进入加速阶段,此时合金具有较大的应变速率,应变量急剧增大,大量位错可剪切进入 γ′相,如图 7.28(b)白色箭头所示。

经 111h 蠕变断裂后,合金的微观组织形貌,如图 7.28(c)所示。可以看到,筏状 γ′相已出现严重的扭曲,大量位错在 γ/γ′两相界面塞积,形成应力集中,如图 7.16(c)中 A 区域所示,并有大量位错剪切进入 γ′相。

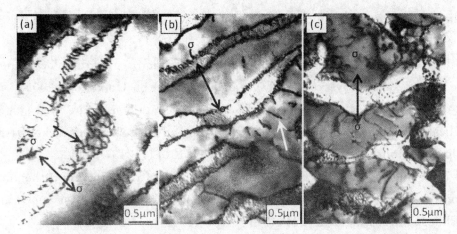

图 7.28　2%Ru 合金经 1 000℃,200MPa 蠕变不同时间的组织形貌
(a)蠕变 50h;(b)蠕变 90h;(c)蠕变 111h 断裂后

　　与无 Ru 合金相比,无 Ru 合金中筏状 γ′相在不同区域的扭曲程度均大于 2%Ru 合金,尤其是近断口区域,无 Ru 合金的筏状 γ′相已经遭到破坏,连续的筏状 γ′相严重扭曲,并被切割形成小区域;在 2%Ru 合金近断口区域,虽然也存在大量剪切进入 γ′相的位错,但是 γ′相仍然呈现筏状结构,合金的组织形貌仍保持较为完整。

　　综上所述,高温/低应力蠕变稳态阶段,合金的变形机制为位错在基体中滑移和攀移越过筏状 γ′相。蠕变进入后期,位错塞积可产生应力集中,致使位错剪切进入 γ′相,使 γ/γ′两相扭折程度加剧,同时原连续的 γ 基体通道被切断,合金的蠕变抗力不断降低,直至发生合金的宏观断裂。与无 Ru 合金相比较,2%Ru 合金中筏状 γ′相连续性较好,筏状 γ′相厚度尺寸较大,蠕变断裂后,γ′相仍可保持筏状结构,但二者的微观变形机制无明显区别。

参考文献

[1]秦琴,毛子荐,刘昭凡. 高温合金在航空发动机领域的应用现状与发展[J].工具技术,2017,51(9):3-6.

[2]余竹焕,张洋,翟娅楠,等. C、B、Hf 在镍基高温合金中作用的研究进展[J]. 铸造,2017,66(10):1076-1081.

[3]霍嘉杰. Co、Cr、Mo、Ru 对第四代镍基单晶 TCP 相演变及 950℃蠕变行为影响的研究[D]. 北京:北京科技大学,2018.

[4]Heckl A,Neumeier S,Cenanovie S,et al. Reasons for the enhanced phase

stability of Ru-containing nickel-based superalloys[J]. Acta Materialia,2011(59): 6563-6573.

[5]Kearsey R M. Compositional effects on microsegregation behaviour in single crystal superalloy systems[D]. Canada : Carleton University,2005.

[6]Heckl A,Rettig R,Cenanovic S,et al. Investigation of the final stages of solidification and eutectic phase formation in Re and Ru containing nickel-base superalloys[J]. Journal of Crystal Growth,2010,312(14):2137-2144.

[7]Neumeier S,Pyczak F,G? ken M. Influence of rhenium and ruthenium on the local mechanical properties of the γ and γ' phases in nickel-base supperalloys [J]. Philosophical Magazine,2011(91): 4187-4199.

[8]Tan X P,Liu J L,Jin T,et al. Variation of microstructure by Ru additions in a single crystal Ni based superalloy[J]. Materials Science and Technology, 2014,30(3):289-300.

[9]O'Hara K S,Walston W S,Ross E W,et al. Nickel base superalloy and article: US,US 5482789 A[P]. 1996−01-09.

[10]Ofori A P,Rossouw C J,Humphreys C J. Determining the site occupancy of Ru in the L1 2,phase of a Ni-base superalloy using ALCHEMI[J]. Acta Materialia,2005,53(1): 97-110.

[11]骆宇时,赵云松,杨帅,等. Ru 对一种高 Re 单晶高温合金 γ/γ' 相中元素分布及高温蠕变性能的影响[J]. 稀有金属材料与工程,2016(7):1719-1725.

[12]李宪. 镍基单晶高温合金中 Re/Ru 元素作用的显微机理分析[D]. 北京:北京工业大学,2014.

[13]Reed R C,Yeh A C,Ofori A P,et al. Indentification of the partitioning characteristics of ruthenium in single crystal superalloys using atom probe tomography[J]. Scripta Materialia,2004(51):327-331.

[14]姜晓琳. 高熔点元素对镍基高温合金微观组织特征相电子结构参数影响的计算研究[D]. 阜新:辽宁工程技术大学,2014.

第8章 Ru/Re交互作用对合金性能的影响

先进镍基单晶合金中加入较高浓度的 Re,Ru 等难熔元素,可大幅度提高合金的承温能力及组织稳定性[1],其中,合金的力学及蠕变性能与 γ/γ′ 两相的尺寸、形态及元素的浓度分布密切相关[2-6]。尽管 Re,Ru 对 γ′ 相尺寸、形态及高温性能的影响已有文献报道[7,8],但 Re/Ru 对元素在 γ/γ′ 相浓度分布的影响尚不明确。

一些研究认为[9,10],元素 Ru 可促进较多的 Cr,Co 元素进入 γ′ 相,导致基体中元素 Al 和 Ta 的浓度提高,进而促使较多 Re、Mo、W 原子溶入 γ′ 相,产生"逆向分配"效应。另有研究表明[7,11,13],Ru 对其他元素在 γ/γ′ 相的浓度分布无明显影响,特别是当 Ru 浓度低于 3% 时,Ru 对 Co,Cr,Mo 等元素在 γ/γ′ 相的浓度分布无明显影响。其中,Ru 是否对元素在 γ/γ′ 相的浓度分布有影响,主要取决于其他元素的浓度[13],例如,当合金中 Cr 元素浓度较高时,Ru 对其他元素不产生"逆向分配"效应,而当 Cr 浓度低于 2% 时,Ru 对其他元素在 γ/γ′ 相的分配行为产生较大影响。

第7章中,笔者主要通过两种合金(无 Ru/无 Re 和 2%Ru/无 Re)对比研究 Ru 对于合金蠕变性能的影响。本章通过对无 Re/Ru、4.0%Ru、4.5%Re 及 4.5%Re/3.0%Ru 四种成分的镍基单晶合金进行三维原子探针(3DAP)成分分析,研究 Re/Ru 交互作用对镍基单晶合金 γ/γ′ 相中元素浓度分布的影响,以及元素 Ru 及蠕变对含 Re 合金元素在 γ/γ′ 两相浓度分布的影响。

8.1 Ru/Re 对合金组织形貌及浓度分布的影响

8.1.1 Ru/Re 对合金组织形貌的影响

四种不同成分合金经完全热处理后,在(001)横截面的组织形貌,如图 8.1 所示。图中立方体为 γ′相,γ′相之间区域为 γ 基体。

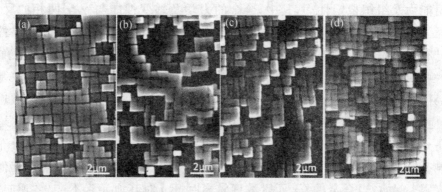

图 8.1 不同成分合金经完全热处理后的组织形貌

(a)无 Re/Ru 合金;(b)4.0%Ru 合金;

(c)4.5%Re 合金;(d)4.5%Re/3.0%Ru 合金

由图可以看出,经完全热处理后,四种合金中的立方 γ′相均以共格方式镶嵌在 γ 基体中,但四种合金中 γ′相的体积分数和尺寸略有差别。其中,无 Re/Ru 合金的 γ′相边缘尺寸约为 $0.43\sim0.46\mu m$,4.0%Ru 合金的 γ′相边缘尺寸与无 Re/Ru 合金无明显差别,但 γ 基体通道的尺寸略窄,如图 8.1(a)和(b)所示。与前两种合金相比,4.5%Re 合金中立方 γ′相的尺寸较小,约为 $0.38\sim0.41\mu m$,4.5%Re/3.0%Ru 合金的 γ′相的尺寸约为 $0.38\sim0.40\mu m$,并且 γ 基体通道尺寸较窄。

通过电解萃取,测量并计算出四种合金中 γ′相的体积分数,分别为 65.0%,67.0%,66.6%和 68.0%。四种合金中 γ′相的尺寸以及体积分数,如图 8.2 所示,可以看出,Re,Ru 均可提高 γ′相的体积分数,而 Re 可降低 γ′相的尺寸。

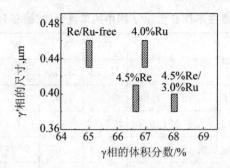

图 8.2 不同成分合金中 γ′ 相的尺寸及体积分数

8.1.2 Re,Ru 对元素在 γ/γ′ 两相浓度分布的影响

采用三维原子探针（3DAP）对无 Re/Ru、4.0% Ru、4.5% Re 及 4.5% Re/3.0% Ru 合金,分别进行元素浓度测定。其中,元素 Al,Cr 的浓度分布示意图,如图 8.3 所示,根据镍基单晶合金中元素 Al 和 Cr 在 γ/γ′ 两相中浓度分布的特点,Al 原子富集区域为 γ′ 相,Cr 原子富集区域为 γ 基体。

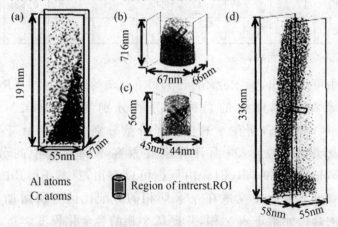

图 8.3 不同合金经完全热处理后,Al,Cr 元素浓度分布及待测区位置示意图

测定出四种成分合金中元素在 γ/γ′ 两相的平均浓度（原子分数,at. %）,如表 8.1 所示。由于合金在成分设计及熔炼期间,元素的浓度存在一定差别,且各元素以不同比例分布在 γ/γ′ 两相中,为考察 Re,Ru 对各元素在两相浓度分布的影响,可通过元素在 γ/γ′ 两相中的分配比（R_{Me}）进行研究,元素在 γ/γ′ 两相的分配比,如式(8.1)所示。

$$R_{Me} = \frac{c_{Me}^{\gamma'}}{c_{Me}^{\gamma}} \tag{8.1}$$

表 8.1　元素在不同合金 γ/γ′相中的浓度分布(原子分数,at. %)

合金	区域	Al	Ta	Cr	Co	Mo	W	Re	Ru	Total
无 Re/Ru	γ 相	2.72	0.45	16.4	11.78	8.32	2.70	0	0	42.38
	γ′相	18.91	3.72	1.68	3.00	1.53	0.57	0	0	29.41
	比例	6.95/1	8.28/1	1/9.74	1/3.92	1/5.44	1/4.73	—	—	1/1.44
4.0%Ru	γ 相	4.84	0.48	15.09	10.99	7.07	2.24	0	4.49	45.20
	γ′相	18.27	3.54	2.06	4.18	2.32	1.85	0	1.14	33.36
	比例	3.77/1	7.38/1	1/7.32	1/2.63	1/3.05	1/1.21	—	1/3.94	1/1.35
4.5%Re	γ 相	4.06	0.51	15.03	11.43		2.10	3.67	0	39.51
	γ′相	18.01	3.61	2.04	3.61		1.45	0.48	0	30.28
	比例	4.43/1	7.05/1	1/7.36	1/3.16	1/2.50	1/1.45	1/7.64	—	1/1.30
4.5%Re /3.0%Ru	γ 相	3.56	——	8.44	12.59		1.86	3.16	3.26	36.89
	γ′相	17.22	——	1.17	4.06	——	1.58	0.63	0.83	30.56
	比例	4.84/1	7.34/1	1/7.21	1/3.10	1/2.51	1/1.18	1/5.02	1/3.93	1/1.21

注:表中"——"为不宜公开元素浓度。

从表8.1中可以看出,无 Re/Ru、4.0%Ru、4.5%Re 及 4.5%Re/3.0%Ru 合金中,不同元素在 γ 基体中的总原子分数分别为 42.38at. %,45.20at. %,39.51at. %和 36.89at. %,而在 γ′相中原子分数分别为 29.41at. %,33.36at. %,30.28at. %以及 30.56at. %,进而计算出元素在不同合金中的分配比分别为 1/1.44,1/1.35,1/1.30 和 1/1.21。由数据可以看出,虽然 Re,Ru 主要分布于 γ 基体中,但含 Re/Ru 合金中元素在 γ/γ′两相的分配比值有所增加,表明,Re,Ru 均可促进更多的合金元素进入 γ′相,并提高 γ′相的合金化程度。

Al 元素在 γ/γ′两相的浓度分布示意图,如图 8.4 所示,由于元素 Al 在镍基合金中主要分布于 γ′相中,因此可将 Al 元素在 γ/γ′两相的平均浓度作为两相界面的标志,据此,绘制出 Al 的等浓度面,如图 8.4 中深色平面所示。由图可以看出,尽管四种合金在成分设计时,Al 元素的浓度基本相同,但不同合金中 Al 在 γ/γ′两相的浓度分布并不相同。其中,无 Re/Ru 合金中 Al 原子主要分布在 γ′相中,而在 γ 基体中的含量较小;在其他三种合金中,Al 原子在 γ 基体的浓度明显提高,表明 Re、Ru 均可提高 Al 原子在 γ 基体中的浓度。

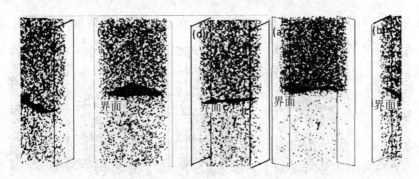

图 8.4　不同合金中 Al 原子在 γ/γ′两相的浓度分布示意图

(a)无 Re/Ru 合金;(b)4.0%Ru 合金;(c)4.5%Re 合金;(d)4.5%Re/3.0Ru 合金

Mo 原子在 γ/γ′两相的浓度分布示意图,如图 8.5 所示。从图中可以看出,Mo 原子在近 γ/γ′两相界面区域的浓度分布与 Al 原子完全相反。其中,Mo 原子主要分布于 γ 基体。随着合金中加入元素 Re,Ru,原子 Mo 在近界面的 γ′相中浓度有所提高。4.0%Ru 合金中 Mo 在 γ/γ′两相的分配比由无 Re/Ru 合金的 1/5.44 提高至 1/3.05,如表 8.1 所示,表明 Ru 可以促进 γ′相中溶入更多的 Mo 原子。

从表 8.1 和图 8.5 中可以看出,与无 Re/Ru 合金相比,4.5%Re 合金中 Mo 原子在 γ/γ′两相的分配比由 1/5.44 提高至 1/2.50,而与 4.5%Re 合金相比,4.5%Re/3.0%Ru 合金中元素 Mo 的分配比无明显变化,约为 1/2.51,表明 Ru 对含 Re 合金中 Mo 元素的浓度分布无明显影响。

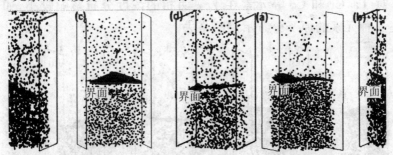

图 8.5　不同合金中 Mo 原子在 γ/γ′两相的浓度分布示意图

(a)无 Re/Ru 合金;(b)4.0%Ru 合金;(c)4.5%Re 合金;(d)4.5%Re/3.0Ru 合金

W 原子在不同合金的浓度分布特征与 Mo 元素相似,其浓度分布示意图如图 8.6 所示。从图 8.6 及表 8.1 中可以看出,W 在无 Re/Ru 合金中 γ/γ′两相的分配比约为 1/4.73,而 W 元素在 4.0%Ru 合金中的分配比约为 1/1.21,并且大于其在 4.5%Re 合金中的分配比(约为 1/1.45),并与 4.5%Re/3.0%Ru 合金中的分配比相近（约为 1/1.18），表明，Re，Ru 对元素 W 在 γ/γ' 两相的浓度分布有明显影响。

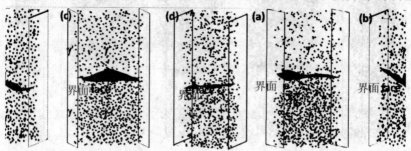

图 8.6　不同合金中 W 原子在 γ/γ' 两相中的浓度分布示意图

(a)无 Re/Ru 合金；(b)4.0％Ru 合金；(c)4.5％Re 合金；(d)4.5％Re/3.0Ru 合金

　　Re，Ru 原子在 4.0％Ru，4.5％Re 和 4.5％Re/3.0％Ru 合金 γ/γ' 两相中的浓度分布示意图，如图 8.7 所示。由图可以看出，Re，Ru 主要富集于 γ 基体中。其中，元素 Ru 在 4.0％Ru 合金和 4.5％Re/3.0％Ru 合金中 γ/γ' 两相的分配比分别为 1/3.94 和 1/3.93；而 Re 在 4.5％Re 和 4.5％Re/3.0％Ru 合金中 γ/γ' 两相的分配比分别为 1/7.64 和 1/5.02，如表 8.1 所示。结果表明，Ru 可促进较多 Re 原子进入 γ' 相，但 Re 对 Ru 原子在 γ'/γ 两相的分配行为无明显影响。

　　4.0％Ru，4.5％Re 和 4.5％Re/3.0％Ru 合金中，元素 Ta 和 Cr 在 γ/γ' 两相的分配比分别为 7.36/1，7.05/1，7.34/1 和 1/7.32，1/7.36，1/7.21，而元素 Co 在四种合金中 γ/γ' 两相的分配比分别为 1/3.92，1/2.63，1/3.16 和 1/3.10，表明，元素 Re，Ru 对 Ta，Cr 和 Co 等元素在 γ/γ' 两相的浓度分布影响较小，如表 8.1 所示，故上述三种元素的原子分布示意图略去。

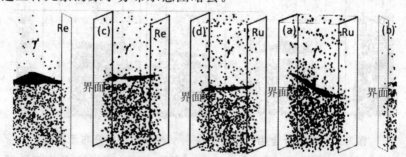

图 8.7　不同合金中 Re，Ru 原子在 γ/γ' 两相的浓度分布示意图

(a)无 Re/Ru 合金；(b)4.0％Ru 合金；(c)4.5％Re 合金；(d)4.5％Re/3.0Ru 合金

8.1.3 Re/Ru 对元素在近 γ'/γ 界面区域浓度分布的影响

四种合金中元素在近 γ/γ' 两相界面区域的浓度分布 proxigram 曲线,如图 8.8 所示,等浓度面为 $C_{Al}=$ 10at.%。其中,横坐标"0"点表示 γ/γ' 两相界面,γ' 相位于 0 点左侧区域,γ 基体相位于 0 点的右侧区域。

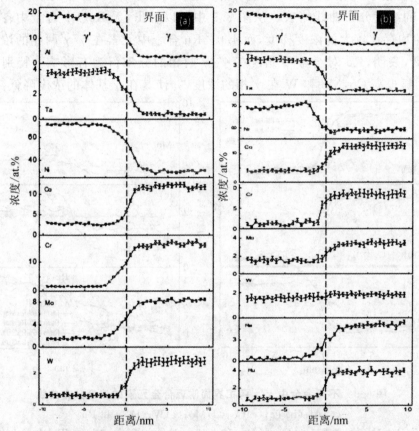

图 8.8 不同合金中元素在近 γ/γ' 界面区域的浓度分布
(a)无 Re/Ru 合金;(b)4.5%Re/3.0%Ru 合金

图 8.8(a)为无 Re/Ru 合金中元素在近 γ/γ' 两相界面区域的浓度分布曲线,其中 Al,Ta 和 Ni 主要富集于 γ' 相,虽然 Ni 为镍基合金的基体元素,但可以看出,Ni 原子主要分布于 γ' 相中;而 Mo,W,Cr 和 Co 主要富集于 γ 基体中。4.5%Re/3.0%Ru 中元素在近 γ/γ' 两相界面区域的浓度分布曲线,如图 8.8(b)所示,其中 Re,Ru 主要富集于基体中,而 W 元素在近 γ/γ' 两相界面区域的浓度相近,与 W

在 γ/γ′两相的分配比相一致,其他元素的分布特征与无 Re/Ru 合金基本相似。4.0%Ru 和 4.5%Re 合金中元素在近两相界面区域的浓度分布特征与 4.5%Re/3.0%Ru 合金基本相同,其浓度分布曲线略去。

测定出无 Re/Ru、4.0%Ru、4.5%Re 及 4.5%Re/3.0%Ru 四种合金中 Al,Ta,Co,Mo,W,Re 和 Ru 的浓度分布曲线,示于图 8.9,以研究 Re,Ru 对合金中其他元素在近 γ/γ′两相界面区域浓度分布的影响,由于 Cr 的分布特征与 Co 相似,因此 Cr 的浓度分布曲线略去。从图 8.9 中可以看出,无 Re/Ru 合金中各元素在 γ/γ′两相均存在较大的浓度梯度,而 4.0%Ru 合金中元素在 γ/γ′两相的浓度梯度明显降低,表明,Ru 对合金中元素在 γ′/γ 两相的分配行为有影响。特别是加入 Ru,可明显提高 Co,Mo 和 W 在 γ′相的浓度,并使其在 γ 基体的浓度降低。

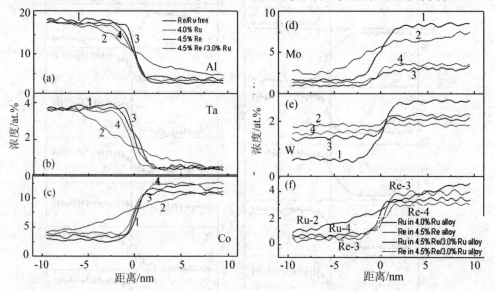

图 8.9　不同合金中 γ/γ′两相界面附近合金元素的浓度分布曲线
(a)Al;(b)Ta;(c)Co;(d)Mo;(e)W;(f)Re 和 Ru

与无 Re/Ru 合金相比,4.0%Ru 和 4.5%Re 合金中 Al 和 Ta 在 γ/γ′两相界面区域仍有较大的浓度梯度,但在 γ/γ′两相的分配比值有所降低。虽然 4.5%Re 和 4.5%Re/3.0%Ru 合金中 W 的浓度较高,但其浓度梯度及分配比明显降低。由于 4.5%Re 和 4.5%Re/3.0%Ru 合金中 Mo 元素的浓度较低,因此 Mo 在 γ/γ′两相的浓度也相对较低。

合金中元素 Re,Ru 在近 γ/γ′两相界面区域的浓度分布,如图 8.9(f)所示。元素 Ru 在 4.0%Ru 合金的浓度曲线,如图 8.9(f)中 Ru-2 所示,可以看出,元素 Ru

在 γ′ 相中的浓度较低,但随 γ′ 相长大,Ru 在 γ′ 相的浓度逐渐增加,直至 Ru 在界面的浓度达到约 2.5at.%,而在 γ 基体中距两相界面约 7nm 处,Ru 的浓度已达到约 4.5at.%,为其在 γ 基体相的平均浓度,如表 8.1 所示。

在 4.5%Re 合金中,Re 在 −9.5~−2nm 之间的平均浓度较低,约为 0.28at.%,如图 8.9(f)中曲线 Re-3 所示,在 γ′ 相的平均浓度约为 0.48at.%;但其在 1.0~9.5nm 处的平均浓度较高,约为 3.88at.%,高于其在 γ 基体的平均浓度 3.67at.%,说明元素 Re 易于聚集在近界面区域的 γ 基体中,并在 γ′/γ 两相间存在较大的浓度梯度,如图 8.9(f)中曲线 Re-3 所示。

而在 4.5%Re/3.0%Ru 合金中,元素 Re 在 −9.5~−2nm 及 1.5~9.5nm 之间的平均浓度分别约为 0.44at.% 和 3.49at.%,如图 8.9(f)中曲线 Re-4 所示,而其在 γ′ 相和 γ 基体的平均浓度分别约为 0.63at.% 和 3.16at.%,如表 8.1 所示。这表明元素 Ru 不改变 Re 原子在近 γ′/γ 两相界面区域的富集行为,而 Re 在两相间仍然存在较大的浓度梯度,如图 8.9(f)中曲线 Re-4 所示。与 4.0%Ru 合金相比,Ru 在 4.5%Re/3.0%Ru 合金中近 γ′/γ 两相界面区域的浓度分布更加均匀,如图 8.9(f)中曲线 Ru-4 所示。虽然 4.0%Ru 和 4.5%Re/3.0%Ru 合金中,元素 Ru 在 γ′/γ 两相的分配比值几乎相同(分别为 1/3.94 和 1/3.93),但其在近两相界面区域的浓度分布有较大差别,这归因于元素 Re 对 4.5%Re/3.0%Ru 合金中元素 Ru 的浓度分布有影响。

8.2　蠕变期间元素在 γ/γ′ 两相的分配行为

4.5%Re 和 4.5%Re/3.0%Ru 合金经 1 100℃/137MPa 蠕变断裂后,采用 3DAP 对近断口区域进行元素浓度分布测量,两种合金中 Al 和 Cr 的浓度分布示意图,如图 8.10 所示。其中,Al 浓度较高的区域为 γ′ 相,Cr 浓度较高的区域为 γ 基体,根据 Al 在 γ/γ′ 两相的浓度分布特点,将元素 Al 为 $c_{Al} = 10at.\%$ 的等浓度面,视为 γ/γ′ 两相的界面。

与图 8.3 相比,合金经 1 100℃/137MPa 蠕变断裂后,近断口区域 γ/γ′ 相均已产生较大的扭曲变形,合金中 γ/γ′ 两相界面呈现出凹凸不平特征。由于试样断裂后由 1 100℃ 冷却至室温的时间较短,在溶质元素的高度过饱和及较高过冷度下,可由 γ 基体中析出大量的细小 γ′ 相,如图中黑色箭头所示。

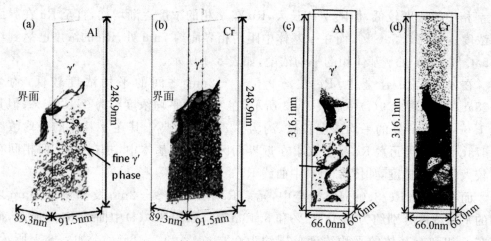

图 8.10　不同合金经 1100℃/137MPa 蠕变断裂后，

元素 Al、Cr 在 γ/γ′两相的浓度分布示意图

(a)、(b)Al、Cr 在 4.5％Re 合金；(c)、(d)Cr 在 4.5Re/3％Ru 合金

通过原子探针测定出 4.5％Re 和 4.5％Re/3.0％Ru 合金中元素在 γ/γ′两相中的平均浓度，列于表 8.2。与完全热处理态合金相比（如表 8.1 所示），4.5％Re 合金中元素 Al，Ta，Cr，W，Re 在 γ/γ′两相的浓度及分配比均发生较大变化，其中，Al 在 γ/γ′两相的分配比由 4.43/1 降低至 3.38/1；Ta 的分配比由 7.05/1 增加至 8.84/1；Cr 的分配比由 1/7.36 增加至 1/6.95；W 的分配比由 1/1.45 降低至 1/2.49；Re 元素的分配比由 1/7.64 降低至 1/15.08；而 Co 和 Mo 无明显变化。另一方面，元素 Cr、Al 在 γ/γ′两相中的浓度均有较大程度的降低。其中，元素 Cr 在 γ 基体中的浓度由 15.03％降低至 10.53％，在 γ′相中的浓度则由 2.04 降低至 1.87，而元素 Al 在 γ′相中的浓度则由 18.61％降低至 16.56％，如表 8.1 和表 8.2 所示。分析认为，这归因于高温蠕变期间，样品表面的 Al 与 Cr 原子与空气中的氧气发生反应，形成 Al_2O_3 和 Cr_2O_3 氧化膜，并最终脱落所致，故高温蠕变期间，可使合金中 Cr 和 Al 的浓度降低。

与蠕变前相比，4.5％Re/3.0％Ru 合金蠕变断裂后，Re 在 γ′相的浓度由 0.63at.％降低至 0.33at.％，分配比则由 1/5.02 降低至 1/10.75，而其他元素的浓度及分配比无明显变化，这与 Ru 与周围原子具有较强的结合力有关。由于 Ru 与 Re，W 等原子的 d 电子层之间发生杂化作用[18-19]，导致 Ru 与 Re、W 之间有较强的结合力，蠕变期间，Ru 及周围的 Re，W 原子难以发生长程扩散，故使合金中 γ/γ′两相的成分较为稳定。此外，元素 Re 在 γ′相中的溶解度较低[19-20]，因此，在持续时间较长的高温蠕变期间，Re 原子被排出 γ′相，被认为是合金中元素 Re 在 γ′

相浓度降低幅度较大的主要原因。

表 8.2 含 Re/Ru 合金蠕变断裂后,近断口区域元素
在 γ/γ′相中的浓度分布(原子分数,at.%)

合金	区域	Al	Ta	Cr	Co	Mo	W	Re	Ru	Total
4.5%Re	γ 相	4.89	0.51	10.53	10.79	——	2.32	3.92	0	35.60
	γ′相	16.53	4.51	1.87	3.62	——	0.93	0.26	0	28.49
	比例	3.38/1	8.84/1	1/6.95	1/2.98	1/2.56	1/2.49	1/15.08	—	1/1.25
4.5%Re/3.0%Ru	γ 相	3.91	——	5.68	11.14	——	1.91	3.55	3.50	33.63
	γ′相	17.24	——	0.77	3.70	——	1.64	0.33	1.03	30.85
	比例	4.41/1	7.55/1	1/7.21	1/3.09	1/2.82	1/1.16	1/10.75	1/3.93	1/1.09

注:"——"为不宜公开元素浓度。

4.5%Re 和 4.5%Re/3.0%Ru 合金蠕变断裂后,元素 Al,Mo,W,Re 等在近断口区域 γ/γ′两相界面的浓度分布,如图 8.11 所示,其中,曲线 1 为元素在 4.5%Re 合金的浓度分布,曲线 2 为元素在 4.5%Re/3.0%Ru 合金的浓度分布,横坐标 0 点处元素 Al 的浓度为 $c_{Al}=10$ at.%,根据 Al 的浓度可判断出 0 点左侧为 γ′相,右侧为 γ 基体。根据 Larson 等人对相成分的定义[14],将 Al 元素浓度 $c_{Al}=110\backslash\%\ ^0c_{Al}^{\gamma'}$ 和 $c_{Al}=90\backslash\%\ ^0c_{Al}^{\gamma}$,视为 γ 和 γ′相的成分标志点($^0c_{Al}^{\gamma}$ 和 $^0c_{Al}^{\gamma'}$ 分别为 Al 在 γ,γ′相中的平均浓度,如表 8.2 所示),之间的区域为 γ/γ′两相的过渡区,图 8.11 中,黑色虚线之间区域为 4.5%Re 合金 γ/γ′两相的过渡区,红色虚线之间的区域为 4.5%Re/3.0%Ru 合金 γ/γ′两相的过渡区。

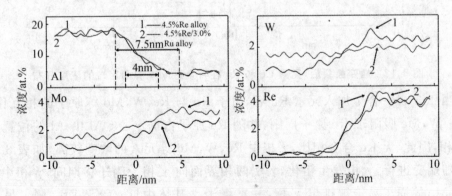

图 8.11 含 Re/Ru 合金蠕变断裂后,Al,Mo,W,Re
在近断口 γ/γ′两相界面区域的浓度分布

完全热处理态 4.5%Re 和 4.5%Re/3.0%Ru 合金的过渡区宽度分别为 3nm（—2.0 至 1.0nm）和 3.5nm（—2.0 至 1.5nm），如图 8.9 所示，而蠕变断裂后，4.5%Re 合金 γ/γ′两相过渡区的宽度约为 4nm（—1.5 至 2.5nm），而 4.5%Re/3.0%Ru 合金的两相过渡区宽度约为 7.5nm（—2.5 至 5nm），如图 8.11 所示。结果表明，高温蠕变期间，两种合金中 γ/γ′两相的过渡区域宽度均有增加。分析认为，这与长时间高温蠕变期间 γ/γ′两相发生明显的定向粗化有关，随蠕变进行，γ′/γ 两相发生粗化，使其晶格常数增大，晶格错配度降低[15]，是致使合金蠕变断裂后 γ′/γ 两相过渡区宽度增加的主要原因。

另一方面，由图 8.14 可以看出 4.5%Re 和 4.5%Re/3.0%Ru 合金中 Mo，W，Re 等元素在近 γ/γ′两相界面处的 γ 基体一侧具有一个峰值浓度，如图 8.11 中箭头所示，但 4.5%Re/3.0%Ru 合金中 Mo，W，Re 的浓度峰值幅度较小，这与高温蠕变期间 γ′相发生粗化和元素再分配有关。随蠕变进行，γ′相中 Mo，W，Re 等原子被排出，使其富集于近界面的基体中。此外，随蠕变进行，合金中 γ/γ′两相界面向 γ′相一侧迁移，导致 γ′相的体积分数不断降低，使大量 Re，Mo，W 等原子被排出 γ′相，故使其富集于近界面区域。另一方面，由于这些元素的扩散系数较低，难以在基体中进行长程扩散，因此富集于近界面的基体中。

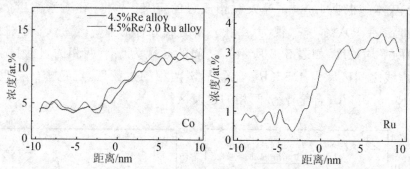

图 8.12　蠕变断裂后，元素 Co 和 Ru 在合金近 γ/γ′界面区域的浓度分布

当 4.5%Re 合金加入元素 Ru 后，由于 Ru 与 Re，W，Mo 等原子的相互作用，使 Re，W，Mo 吸附于 Ru 原子周围，并随 Ru 原子占据 γ′-Ni_3Al 中 Al 的位置而溶入 γ′相，因此，无 Ru 合金相比，γ′相中 Re，W，Mo 等元素的浓度较高，如表 8.1 所示。随蠕变进行，γ′相发生粗化，γ/γ′两相界面向 γ′相一侧迁移期间，γ′相中 Re，W 和 Mo 等原子易于被排出 γ′相，并富集于 γ 基体中近 γ/γ′界面一侧。另一方面，由于 Ru 的吸附作用，可使 Mo，W 原子保留在 γ′相中。因此，4.5%Re/3.0%Ru 合金蠕变断裂后，元素 W 和 Mo 仍保留在 γ′相中，并使其在 γ/γ′两相保持稳定

的分配比。而由于 Re 在 γ′相的溶解度较低,蠕变期间难以被大量保留在 γ′相中,而使 Re 原子从 γ′相中被排斥进入 γ 基体中,是元素 Re 在 γ/γ′两相的分配比由 1/5.02 降低至 1/10.57 的主要原因。

蠕变断裂后,4.5%Re 和 4.5%Re/3.0%Ru 合金元素 Co 和 Ru 在近 γ/γ′界面区域的浓度分布,如图 8.12 所示,可以看出,元素 Co,Ru 与 Al 元素的分布特征较为相似,但在近界面的 γ 基体中无峰值浓度。分析认为,这是由于 Co 和 Ru 在 LI₂-Ni₃Al 中均可替代 Ni 的点阵位置[16],且合金中 γ′相的体积分数较高,高温蠕变期间,上述元素在 γ/γ′两相之间发生互扩散的程度较低;此外,Co 和 Ru 在 Ni 中的扩散系数较大,高温蠕变期间易于发生长程扩散,是使其难以发生偏聚的主要原因。

8.3　Re 对 γ′相粗化及长大速率的影响

合金经固溶处理后,在随后的其冷却期间,Al 和 Ta 溶质浓度的过饱和,使大量的细小立方 γ′相自 γ 基体中析出,故溶质 Al 和 Ta 在 γ′相中富集,而其他元素在 γ 基体中富集。在 γ′相析出过程中,Al 和 Ta 的过饱和度被认为是 γ′相沉淀析出的主要驱动力,而 γ′相的长大速率则与合金中元素的扩散能力密切相关[18,19]。热处理期间,γ′相长大的示意图,如图 8.13 所示,其中 γ′相长大的过程为图 8.13(a)中由深色区域至浅色区域所示,L1₂-Ni₃Al 结构中原子在{100}和{200}面的占位,如图 8.13(b)所示,其中 Al 或 Ta 原子占据图中 A 位置,Ni 或其他固溶原子占据图中 B 位置。

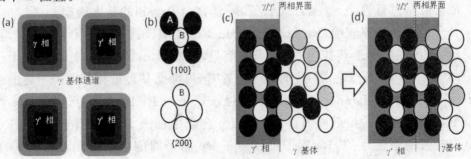

图 8.13　热处理期间 γ′相的长大示意图

(a) 立方 γ′相长大;(b) 原子在不同晶面占位;

(c)→(d) 原子在{100}面发生有序化排列使 γ′相长大

根据 Ostwald 熟化理论,在时效处理期间,合金中 Al 和 Ta 原子可较容易扩散至 γ'/γ 两相界面区域,并占据图 8.13(b)中 A 位置,而合金中其他元素的扩散方向与 Al 和 Ta 相反。当近 γ'/γ 两相界面区域,γ 相一侧的 Al 和 Ta 浓度超过临界值时,可发生 $\gamma \rightarrow \gamma'$ 的有序化转变,并使 γ'/γ 两相界面向 γ 基体一侧迁移,从而使立方 γ' 相长大,如图 8.13 中(c)→(d)过程所示。

在原子扩散及有序化转变过程中,Al 原子在 $L1_2$-Ni_3Al 结构中占据图 8.13(b)中 A 位置所需的能量较低,因此,进行有序化排列较为容易。第一性原理计算出合金中原子替换 Ni_3Al 中 Al 的点阵位置,所产生的能量变化表明,当原子 Me 在 Ni_3Al 中由 Ni 点阵位置扩散至 Al 点阵位置时引起的能量变化 $E_{Me}^{Ni \rightarrow Al} < 0$ 时,该元素可占据 Al 的点阵位置,且其结构较为稳定;而当 $E_{Me}^{Ni \rightarrow Al} > 0$ 时,该反应不能进行。计算结果表明[19-21],合金中 Cr,Mo,W,Re 和 Ta 等原子替换 Al 的点阵位置时,$E_{Me}^{Ni \rightarrow Al}$ 均小于 0,由此可以推断出,这些原子均可替代 Al 原子的点阵位置。虽然元素 Ru 在 0K 时,$E_{Ru}^{Ni \rightarrow Al} > 0$,但当温度提高至 600K 时,$E_{Ru}^{Ni \rightarrow Al} < 0$;而元素 Co 的计算结果与 Ru 相反。由于合金中 γ' 相析出、长大的过程发生在 1273K(1000℃)以上,因此,在合金中原子发生 $\gamma \rightarrow \gamma'$ 有序化转变期间,Co 原子可占据 Ni_3Al 中 Ni 的点阵位置,而其他原子则占据 Al 的点阵位置。但事实上,合金中原子发生有序化转变的条件受到限制,仅有少量 W,Mo,Cr,Re 和 Ru 原子占据了 Al 的位置,值得注意的是,$\gamma \rightarrow \gamma'$ 相转变期间,合金中 Al 和 Ta 原子的扩散为由低浓度至高浓度的上坡扩散,其中,$\gamma \rightarrow \gamma'$ 有序化转变引起的自由能降低是促使原子发生上坡扩散的驱动力。

随原子扩散的进行,合金 γ 基体中的 Mo,W,Re 和 Ru 等难熔元素原子扩散至 γ'/γ 两相界面,并聚集,由于 Re 具有较低的扩散系数,并且可阻碍其周围原子的扩散,因此,可延迟 $\gamma \rightarrow \gamma'$ 有序化转变,降低合金中 γ' 相的长大速率。

分子动力学计算表明,Re 和 Ru 原子在 Ni_3Al 中替代 Al 的点阵位置时,其替换 Al 原子的能量小于其替代 Ni 原子的能量,因此,Re,Ru 原子更加倾向于占据 Al 的位置。当 Re 原子占据 Al 的点阵位置时,可降低其最近相邻原子与之的距离(nearest neighbor distance,NND),并增强该原子与 Re 的结合力,因此,Re 可有效降低其周围原子的扩散能力。而当含 Re 合金中加入 Ru 后,由于 Re 和 Ru 原子具有较强的结合力[22],Re 原子可依附于 Ru 原子周围。一方面,当 Ru 原子溶入 γ' 相时,可吸附较多 Re 原子溶入 γ' 相,另一方面,Ru 吸附的 Re 原子又可阻碍其周围原子的扩散,因此,虽然 4.5%Re/3.0%Ru 合金中含有较高浓度的元素 Ru,但在元素 Re 的作用下,其他元素的扩散能力依然较低。因此,为了使 4.5%

Re 和 4.5%Re/3.0%Ru 合金中立方 γ' 相长大至合适尺寸,这两种合金经固溶处理后的一次时效温度需要提高至 1 150℃。

8.4　Re /Ru 影响元素浓度分布的理论分析

图 8.9(a)表明,经完全热处理后,无 Re/Ru 合金中元素在 γ/γ' 两相具有较高的浓度梯度,尽管 4.5%Re 合金中,元素 Al,Ta 和 Co 在 γ/γ' 两相之间的浓度梯度仍然较高,如图 8.9(a)、(b)和(c)中曲线 3 所示,但各元素在 γ/γ' 两相的分配比有所增加,即 γ' 相可溶入更多的 γ 相形成元素,仅元素 Re 在 γ/γ' 两相中的分配比较低(约为 1/7.64)。

分析认为,时效处理期间,合金中 Al,Ta,Co,Cr 等元素在两相中发生互扩散,而 W,Mo,Re 等扩散系数较低的元素,难以进行长程扩散,当近界面区域的 Al,Ta 的浓度超过临界值,发生 $\gamma \rightarrow \gamma'$ 有序化转变时,扩散速率较低的 W、Mo、Re 等原子仍可被保留在 γ' 相中,使其在 γ' 相中的浓度较高,如图 8.9(d)、(e)、(f)及表 8.1 所示。此外,第一性原理计算表明,在有序化转变期间,W,Mo,Re 替换 Al 点阵位置所需的能量依次为 W＜Mo＜Re,即,与 Re 原子相比,W 和 Mo 在 γ' 相中替代 Al 原子所需的能量较低,加之少量溶入 γ' 相的 Re 原子可降低其周围原子的扩散速率,因此,在含 Re 合金发生 $\gamma \rightarrow \gamma'$ 有序化转变期间,W,Mo 原子可较多保留在 γ' 相中。

另一方面,元素在 Ni-Re-X(X 为合金中任一的元素)三元系合金中具有较高的扩散激活能。其中,Al 在 Ni-Al-Al 中的扩散激活能为 2.072eV,而在 Ni-Re-Al 中的扩散激活能为 3.438eV,增幅达 65.9%;而难熔元素 W 的扩散激活能由 2.529eV 提高至 3.460eV,Mo 的扩散激活能由 2.585eV 提高至 3.405eV。

综上所述,合金中加入的元素 Re 可大幅度降低各元素的扩散能力,是 Re 提高合金中难熔元素在 γ/γ' 两相分配比的主要原因。

4.0%Ru 合金中,元素 Ru 在 γ/γ' 两相的浓度梯度较为平缓,如图 8.9(f)中 Ru-2 曲线所示,而 Al 和 Ta 在 γ/γ' 两相的浓度梯度也较为平缓,且 Al,Ta 和 Ru 在 γ'/γ 两相中呈浓度互补关系,如图 8.9(a)、(b)中曲线 2 所示。这表明,Ru 溶于 γ' 相中可替代 Al 的位置(如图 8.13(b)中 A 位置),而被替换的 Al 原子则溶入 γ 基体,是 Ru 降低 Al 在 γ/γ' 两相之间分配比的主要原因。

此外,加入 Ru 可提高 γ′相中元素 Mo 和 W 的浓度,如图 8.9(d)、(e)中曲线 2 所示。研究表明[23],当 W,Mo 原子溶解进入 γ′相时,Ni-W 和 Ni-Mo 的结合能分别为−714.8eV 和−713.46eV,而 Ru-W 和 Ru-Mo 的结合能分别为−715.62eV 和−714.31eV,表明,合金中加入 Ru 后,Ru 与相邻的 W,Mo 原子间的结合力大于 W,Mo 原子与 Ni 的结合力。因此,当发生 γ→γ′有序化转变时,Ru 占据 Al 的点阵位置时,可携带较多的 W,Mo 原子进入 γ′相,使较多的 W,Mo 原子溶入 γ′相,并提高其分配比,如表 8.1 所示。

而当 4.5%Re 合金加入 3.0%Ru 后,Re 在 γ/γ′两相的分配比由 1/7.64 提高至 1/5.02,而其他元素在 γ/γ′两相的浓度分布无明显改变,如表 8.1 所示。虽然 Re 具有阻碍其他原子扩散的作用,但 4.0%Ru 和 4.5%Re/3.0%Ru 合金中 Ru 在 γ′/γ 两相间分配比基本相同,表明两种合金中 Ru 在 γ′相中已经达到饱和浓度。加之,Re,Ru 原子的 d 层电子之间的杂化作用,增加了 Re,Ru 之间的结合力,因此,在 γ→γ′有序化转变期间,当 Ru 溶入 γ′相并占据 Al 的点阵位置时,依附于 Ru 原子的 Re 原子也可进入 γ′相,并使 Re 在 γ′相的浓度提高,是 Ru 提高 Re 元素在 γ′/γ 两相分配比的主要原因。

8.5　一种 4.5%Re/3%Ru 合金的蠕变行为和变形机制

8.5.1　合金的蠕变行为

4.5%Re/3.0%Ru 合金在 1070−1100℃施加不同应力测定的蠕变曲线,如图 8.14 所示。当施加应力为 137MPa 时,合金在 1070℃、1085℃和 1100℃稳态蠕变期间的应变速率分别为 0.0022%/h、0.0038%/h 和 0.0066%/h,蠕变寿命分别为 461h、386h 和 321h,如图 8.14(a)所示,表明,合金在高温蠕变期间具有较好的蠕变抗力。

测定出 4.5%Re/3.0%Ru 合金在 1070℃分别施加 137MPa、160MPa 和 180MPa 的蠕变曲线,如图 8.14(b)所示。测定出合金在稳态蠕变期间的应变速率分别为 0.0022%/h、0.0062%/h 和 0.011%/h,蠕变寿命分别为 461h、264h 和 173h,。特别是,在 1070℃,当施加应力由 137MPa 提高至 160MPa 时,合金的蠕

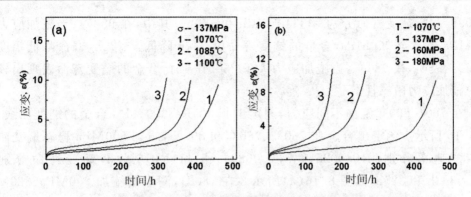

图 8.14 4.5%Re/3.0%Ru 合金在高温不同条件测定的蠕变曲线

(a) 在不同温度施加 137MPa,(b) 在 1070℃施加不同应力

变寿命由 461h 降低至 264h,降低幅度达 42.7%,表明,在 1070℃,当施加应力大于 137MPa 时,合金表现出较明显的施加应力敏感性。

测定出 4.5%Re 和 4.5%Re/3.0%Ru 合金在 980℃,300MPa 的蠕变曲线,如图 8.15 所示,测定出两种合金稳态蠕变阶段的应变速率分别为 0.019%/h 和 0.0065%/h,蠕变寿命分别为 170h 和 222h。表明,元素 Ru 也可改善 4.5%Re 合金在 980℃,300MPa 的蠕变抗力,寿命提高幅度达 30.6%。

4.5%Re/3.0%Ru 合金在 960~1 000℃施加不同应力,测定出合金的蠕变曲线,如图 8.15 所示。在 960℃、980℃和 1000℃施加为 300MPa 条件下的蠕变曲线,示于图 8.15(a),测定出合金在稳态蠕变阶段的应变速率分别为 0.0034%/h、0.0065%/h 和 0.017%/h,蠕变寿命分别为 317h、222h 和 159h。

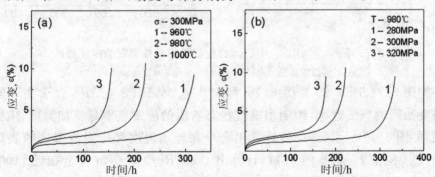

图 8.15 4.5%Re/3.0%Ru 合金在近 980℃不同条件测定的蠕变曲线

(a) 在不同温度施加 300MPa 应力,(b) 在 980℃施加不同应力

合金在 980℃施加 280MPa、300MPa 及 320MPa 应力测定的蠕变,如图 8.15 (b)所示,测定出稳态蠕变阶段的应变速率分别为 0.0046%/h、0.0065%/h 和

0.0099％/h,蠕变寿命分别为 334h、222h 和 179h。其中,在 980℃,当施加应力由 280MPa 提高至 300MPa,合金的蠕变寿命由 334h 降低至 222h,寿命降低幅度达 33.5％,表明,在 980℃,当施加应力大于 280MPa 时,合金的蠕变寿命表现出较明显的施加应力敏感性。

在 760～800℃施加不同应力,测定出 4.5％Re/3.0％Ru 合金的蠕变曲线,如图 8.16 所示。测定出合金在 760℃、780℃和 800℃,施加 800MPa 稳态蠕变阶段的应变速率分别为 0.0025％/h,0.0089％/h 和 0.016％/h,蠕变寿命分别为 394h、363h 和 325h,如图 8.16(a)所示。在 780℃,测定出施加 800MPa、820MPa 和 840MPa 应力蠕变稳态阶段的应变速率分别为 0.0089％/h,0.015％/h 和 0.020％/h,蠕变寿命分别为 363h、289h 和 191h。特别是,在 780℃,施加应力由 820MPa 提高到 840MPa,合金的蠕变寿命由 289h 降低至 191h,降低幅度达 33.9％,表明在 780℃,当施加应力高于 820MPa 时,合金的蠕变寿命表现出明显的施加应力敏感性。

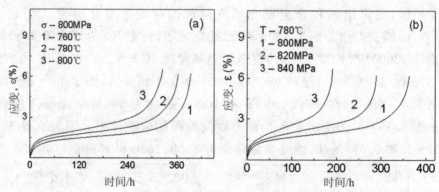

图 8.16 4.5％Re/3.0％Ru 合金在不同条件测定的蠕变曲线
(a) 不同温度施加 800MPa 应力,(b) 在 800℃施加不同应力

根据图 8.14、图 8.15 和图 8.16,测定出 4.5％Re/3.0％Ru 合金在不同温度稳态蠕变期间的应变速率,绘制出蠕变稳态阶段的应变速率与施加温度、应力的关系曲线,如图 8.17 所示,进而可计算出合金在施加温度和应力范围内的表观蠕变激活能及应力指数。根据图 8.17,计算出 4.5％Re/3.0％Ru 合金在近 1100℃、近 980℃和近 780℃的表观蠕变激活能(温度区间由高至低)分别为:$Q_1 = 561.4$kJ/mol、$Q_2 = 524.4$kJ/mol 和 $Q_3 = 428.6$kJ/mol;表观应力指数分别为:$n_1 = 5.8$、$n_2 = 5.7$ 和 $n_3 = 16.6$。

由于 4.5％Re/3.0％Ru 合金在近 980℃、1100℃温度区间的表观应力指数均小于 6,由此可以推断出,合金在该温度区间的变形机制为位错在基体中滑移和攀

移越过 γ' 相。而合金在近 780℃ 温度区间的表观应力指数为 16.6,可以推断出,合金在该温度区间稳态蠕变阶段的变形机制为位错在基体中滑移和剪切 γ' 相。

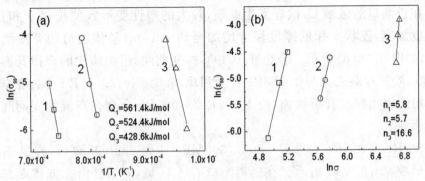

图 8.17　4.5％Re/3.0％Ru 合金稳态蠕变期间的应变速率与温度、应力的关系
(a) 应变速率与温度的关系,(b) 应变速率与施加应力的关系

8.5.2　合金蠕变期间的组织演化

4.5％Re/3.0％Ru 合金经 1100℃,137MPa 蠕变 321h 断裂后,样品不同区域的组织形貌,如图 8.18 所示。图 8.18(a)为观察区域示意图,其中 A-D 区域的组织形貌分别如图 8.18(b)—(e)所示。样品经化学腐蚀后,γ' 相被溶解,为图中黑色区域,γ 基体被保留,为图中灰色区域。

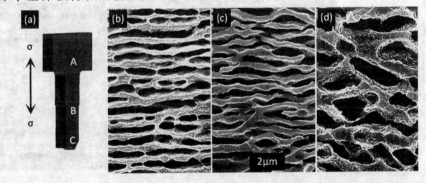

图 8.18　4.5％Re/3.0％Ru 合金经 1100℃,137MPa 蠕变断裂后不同区域的组织形貌
(a) 选区观察示意图,(b)—(d)分别为图(a)中 A—C 区域的组织形貌

在远离断口的 A 区域,合金中 γ' 相已经由热处理态的立方体形态转变成与应力轴垂直的筛网状筏形结构,γ' 和 γ 基体相的厚度尺寸较小,约为 $0.5\mu m$,如图 8.18(b)所示。在试样的 B 区域,蠕变期间承受拉应力,合金中立方 γ' 相已沿垂直于应力轴方向形成了完整的 N 型筏状结构,由于蠕变期间的应变量较大,筏状 $\gamma/$

γ'两相已发生轻微的扭曲变形,两相厚度尺寸已略增加至 0.6μm,如图 8.18(c) 所示。

而在近断口的区域 C,试样发生缩颈,较大的塑性变形致使筏状 γ' 相扭曲,且粗化程度加剧,筏状 γ' 相的厚度尺寸增加至约 1.1μm,基体通道的厚度增加至约 0.7μm,如图 8.18(d)所示。合金在 1040℃蠕变期间,组织演化的规律及形态与图 4.8 相似,故照片略去。与 4.5%Re 合金相比,4.5%Re/3.0%Ru 合金在蠕变期间 γ/γ' 两相的粗化程度有所增加,为 4.5%Re/3.0%Ru 合金在高温蠕变期间持续时间较长所致。

4.5%Re/3.0%Ru 合金经 980℃,300MPa 蠕变 222h 断裂后,样品不同区域的组织形貌,如图 8.19 所示。在远离断口的 A 区域,γ' 相已由立方体形态转变为筛网状结构,γ 基体及 γ' 相的厚度分别约为 0.2μm 和 0.4μm;在承受拉应力的 B 区域,γ' 相已转变为与应力轴垂直的 N 型筏状结构,γ 基体及筏状 γ' 相的厚度尺寸分别约为 0.3μm 和 0.4μm,筏状 γ/γ' 两相较为平直,且扭曲程度较低;而在近断口的 C 区域,基体及筏状 γ' 相的厚度分别增加至约 0.5μm 和 0.7μm,并且可观察到大量相邻的筏状 γ' 相上下连通,如图 8.19(c)中箭头所示。表明,合金在 980℃/300MPa 蠕变期间的组织演化特征与 1100℃,137MPa 基本相同,但基体及筏状 γ' 相的扭曲及粗化程度明显较低。

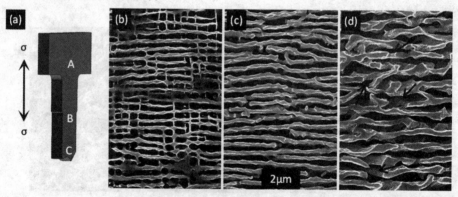

图 8.19 4.5%Re/3.0%Ru 合金经 980℃,300MPa 蠕变断裂后不同区域的组织形貌
(a) 选区观察示意图,(b)—(d)分别为图(a)中 A—C 区域的组织形貌

4.5%Re/3.0%Ru 合金经 800℃,800MPa 蠕变 325h 直至断裂后,样品不同区域的组织形貌,如图 8.20 所示,可以看出,合金中 γ' 相仍保持立方体形态,未发生筏型化转变,在远离断口的 A 区域,部分区域的 γ' 相边角发生了钝化现象,如图 8.20(b)中白色箭头所示;而在承受拉应力的 B 区域,γ/γ' 两相的尺寸增加,但扭

曲程度较低,如图 8.20(c)所示;而在近断口的 C 区域,γ 基体通道的粗化程度增加,并且 γ/γ′ 两相发生了明显的扭曲变形,部分 γ′ 相沿垂直或平行于应力轴方向的尺寸增加,如图 8.20(d)中白色箭头所示,其中,基体通道厚度已由完全热处理后约 50nm 增加至约 0.1μm,γ′ 相的尺寸则由 0.4μm 增加至约 0.5~0.6μm。

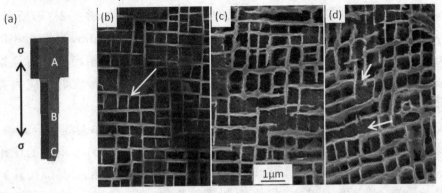

图 8.20　4.5%Re/3.0Ru 合金经 800℃,800MPa 蠕变断裂后不同区域的组织形貌

(a) 观察区域示意图,(b)—(d)分别对应图(a)中 A—C 区域

8.5.3　合金蠕变期间的变形机制

4.5%Re/3.0%Ru 合金经 1100℃,137MPa 蠕变不同时间的微观组织形貌,如图 8.21 所示。蠕变 100h 后,合金中 γ′ 相已转变为筏状结构,筏状 γ′ 相中仅有少量位错,且有左、右相邻筏状 γ′ 相相互连接,使其厚度增加,如图 8.21(a)中区域 A 所示。此时,γ 基体通道的厚度尺寸约为 0.2~0.3μm,筏状 γ′ 相厚度尺寸约为 0.3-0.5μm,并且在筏状 γ/γ′ 两相界面处存在较为密集的位错网。

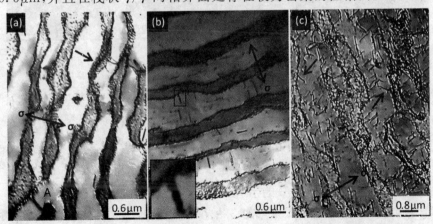

图 8.21　4.5%Re/3.0%Ru 合金经 1100℃,137MPa 蠕变不同时间的微观形貌

(a) 蠕变 100h,(b) 蠕变 200h,(c) 蠕变 321h 断裂后

合金蠕变 200h 的微观形貌,如图 8.21(b)所示,可以看出,合金中筏状 γ/γ′两相的厚度略有增加,扭曲程度较小,有少量迹线与应力轴方向垂直、或平行的位错剪切进入筏状 γ′相,并有部分位错发生分解,形成具有较小尺寸的不全位错对,如图中方框所示,其放大形貌示于图 8.21(b)左下角。

合金蠕变 321h 断裂后,近断口区域的微观组织形貌,如图 8.21(c)所示,可以看出,近断口区域的 γ 基体通道厚度尺寸增加至约 $0.4\sim0.5\mu m$,筏状 γ′相的厚度增加至约 $6.0\sim0.8\mu m$,可观察到大量位错剪切进入筏状 γ′相,其中,超位错的迹线方向与应力轴平行或垂直,γ′相中仅有少量位错的迹线与最大剪切应力方向平行,如图中黑色箭头所示。

合金近断口区域的位错组态,如图 8.22 所示,双箭头所示为施加应力轴方向,图中迹线方向与应力轴平行的位错标记为 A,迹线方向与应力轴垂直的位错标记为 B。当衍射矢量为 g133 和 g002 时,位错 A 显示衬度,如图 8.22(a)、(b)所示,当衍射矢量为 g020 和 g1$\bar{1}$1 时,位错 A 衬度消失,如图 8.22(c)、(d)所示,根据位错不可见判据,可确定位错 A 的柏氏矢量为 $b_A =$ g020×g1$\bar{1}$1 $=$ a[10$\bar{1}$],位错 A 的线矢量为 $\mu_A =$ [001],进而计算出位错 A 的滑移面为 $b_A \times \mu_A =$ (010)。

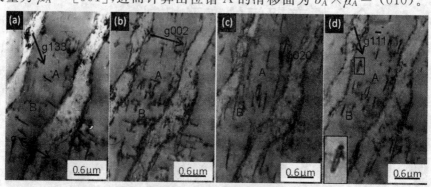

图 8.22   4.5%Re/3.0%Ru 合金经 1100℃,137MPa
蠕变断裂后筏状 γ′相的位错组态
(a) g 133,(b) g 002,(c) g 020,(d) g 1$\bar{1}$1

当衍射矢量为 g133 时,位错 B 显示弱衬度,如图 8.22(a)所示,而在 g002、g020 和 g1(11 衍射条件下,位错 B 显示衬度,如图 8.22(b)、(c)、(d)所示,根据 $b \cdot g = 0$ 位错不可见判据,可推断出位错 B 的柏氏矢量为 $b_B =$ a[01$\bar{1}$],其线矢量为 $\mu_B =$ [010],并确定出位错 B 的滑移面为 $b_B \times \mu_B =$ (100)。

以上分析表明,蠕变后期,4.5%Re/3.0%Ru 合金中已有大量超位错剪切进入筏状 γ′相,并位于{100}面。分析认为,在 FCC 结构的合金中,{111}面为易滑移面,故位于{100}面的位错为由{111}面交滑移所致。当大量切入筏状 γ′相的超位错由{111}面交滑移至{100}面,可形成 K-W 位错锁。此外,部分交滑移至{100}面的超位错可发生位错分解,形成不全位错加 APB 的位错组态,如图 8.22(d)中白色方框区域所示,其放大形貌,示于图 8.22(d)左下角。该 K-W 锁和 K-W 锁+APB 组态中的位错为不动位错,可抑制位错的滑移和交滑移,因此 4.5%Re/3.0%Ru 合金在高温蠕变期间具有较好的蠕变抗力。

而 4.5%Re/3.0%Ru 合金在 1040℃,160MPa 下的蠕变寿命为 725h,其蠕变不同时间的微观形貌如图 8.23 所示。合金蠕变 10h 的组织形貌,如图 8.23(a)所示,由于蠕变时间较短,合金中仅部分 γ′相相互连接形成串状结构,如区域 C 所示,而另一部分 γ′相仍保持粒状形态,γ′相内无位错,而 γ 基体中存在大量位错,如图中区域 D 所示,γ 基体通道中存在大量位错的事实表明,合金蠕变初期的变形特征是位错在 γ 基体通道中滑移,且位错网存在于 γ/γ′两相之间。

合金蠕变 500h 后的组织形貌,如图 8.23(b)所示。可以看出,合金中 γ′相已经完全转变成与应力轴垂直的 N 型筏状结构,筏状 γ′相的厚度尺寸约为 0.7μm,γ 基体通道的尺寸约为 0.2~0.3μm。此外,在粗大筏状 γ′相中仍存在细小 γ 基体相,如图 8.23(b)中白色箭头标注所示,表明,该筏状 γ′相的粗化机制为:两相邻 γ′相相互吞并,γ′相之间的 γ 基体相逐渐消失,且筏状 γ′相中仅有少量位错。可以看出,合金在 1040℃,160MPa 蠕变期间的变形机制与 1100℃,137MPa 蠕变期间的变形机制基本相同。表明合金在蠕变稳态阶段的变形机制为位错在基体中滑移和攀移越过 γ′相;蠕变后期,合金中已有大量迹线方向为<100>的位错切入筏状 γ′相,如图 8.23(c)所示。

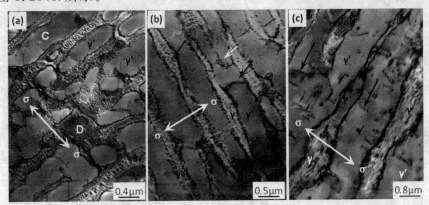

图 8.23　4.5%Re/3.0%Ru 合金经 1040℃,160MPa 蠕变不同时间的组织形貌
(a) 蠕变 10h,(b) 蠕变 500h,(c) 蠕变 725h 发生蠕变断裂

综上所述,4.5%Re/3.0%Ru 合金在 1040～1100℃ 蠕变期间的微观变形机制为:蠕变初期,立方 γ′相发生定向粗化,转变成与应力轴垂直的 N-型筏状结构,并有大量位错在基体中滑移,当位错滑移至 γ/γ′两相界面,可形成界面位错网,如图 8.21(a)和 8.23(a)所示。蠕变稳态阶段,当位错在基体中滑移至两相界面,可与界面位错网发生反应,改变位错的运动方向,可促使位错攀移越过筏状 γ′相。蠕变后期,大量位错沿{111}面剪切进入筏状 γ′相,可由{111}面交滑移至{100}面,形成 K-W 位错锁,如图 8.23(c)所示。随蠕变进行,合金中切入筏状 γ′相的位错数量增加,γ′相的强度降低,位错的交替滑移可导致 γ/γ′两相发生扭曲变形,直至发生蠕变断裂,是合金在蠕变后期的损伤与变形机制。

合金经 980℃,300MPa 蠕变不同时间的微观组织形貌,如图 8.24 所示。其中,蠕变 50h 的微观组织形貌,如图 8.24(a)所示,可以看出,合金中立方 γ′相已转变为与应力轴垂直的 N-型筏状结构,基体通道的厚度尺寸约为 50～100nm,筏状 γ′相的厚度约为 0.4μm。并在筏状 γ/γ′两相界面存在位错网,γ 基体中存在大量位错,如图 8.24(a)中黑色箭头所示。此外,图 8.24(a)中可观察到少量位错切入筏状 γ′相,并发生分解,形成不全位错加 SISF 的位错组态,如图 8.24(a)中白色箭头所示。表明,合金在 980℃,300MPa 稳态蠕变阶段的变形机制是位错在基体中滑移和攀移越过筏状 γ′相,但剪切进入 γ′相的位错也可发生分解形成不全位错＋SISF 的位错组态。表明,合金在 980℃,300MPa 稳态蠕变阶段的变形机制不同于1040℃、1100℃。

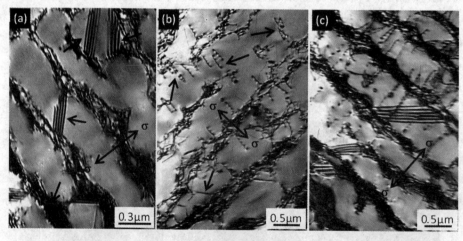

图 8.24 4.5%Re/3.0%Ru 合金经 980℃,300MPa 蠕变不同时间的微观形貌
(a)蠕变 50h,(b)、(c)蠕变断裂后远离口区域

　　合金经 980℃,300MPa 蠕变 222h 断裂后,在远离断口区域的微观形貌,如图 8.24(b)所示。可以看出,已有大量位错切入筏状,且大部分位错的迹线方向与 [001]方向平行,并可观察到位错对,如图 8.24(b)中白色箭头所示,并有少量位错的迹线方向与<011>平行,如图 8.24(b)中黑色箭头所示。在远离断口另一区域的微观形貌,如图 8.24(c)所示,可以看到除存在大量[001]迹线方向的位错外,仍存在少量 SISF,且与图 8.24(b)相比,基体通道中位错密度明显增大。

　　合金经 980℃,300MPa 蠕变 222h 断裂后,在近断口区域筏状 γ/γ' 两相的位错组态,如图 8.25 所示。可以看出,该区域筏状 γ' 相的厚度尺寸已增加至 $0.7\mu m$,γ 基体的厚度约为 $0.4\mu m$。已有大量位错切入筏状 γ' 相,并发生交滑移和位错分解形成位错对,其中,超位错分解形成两(a/2)<110>不全位错对的形貌,如图中黑色方框所示,放大形貌示于图左下角。并存在两超位错滑移相互交割的形态,如图中白色方框所示,放大形貌示于图右上角。表明,在 980℃,300MPa 蠕变后期,合金的微观变形机制均为位错在基体中滑移和剪切筏状 γ' 相,其中,剪切进入 γ' 相的位错可相互交割或发生位错分解,形成不全位错对、或不全位错加 SISF 的位错组态。

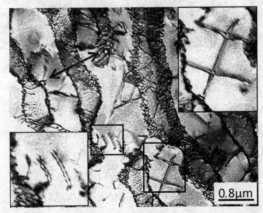

图 8.25　4.5%Re/3.0%Ru 合金经 980℃,300MPa 蠕变断裂后
的微观组织形貌

　　合金经 980℃,300MPa 蠕变 222h 断裂后,近断口区域切入筏状 γ' 相的位错组态,如图 8.26 所示,施加应力轴方向如图 8.26(c)中 g002 方向所示,切入筏状 γ' 相的位错如图中 E_1、E_2、E_3、F、G 所示,其线矢量分别为 $\mu_{E1}=\mu_{E2}=\mu_{E3}=[020]$,$\mu_F=[022]$,$\mu_G=[0\bar{2}2]$,其中,位错 F、G 显示位错分解特征,如图 8.26(d)所示。

　　当衍射矢量为 g022 和 g020 时,位错 E_1、E_2、E_3 显示衬度,如图 8.26(a)、(b)所示,而衍射矢量为 g002 和 $g\bar{1}13$ 时,位错 E_1、E_2、E_3 衬度消失,如图 8.26(c)、(d)

所示,根据 $b \cdot g = 0$ 位错不可见判据,可确定出位错 E_1、E_2、E_3 的柏氏矢量为 $b_E = g002 \times g\bar{1}13 = a[110]$,进而计算出其滑移面为 $b_E \times \mu_E = (001)$。当衍射矢量为 g022 时,位错 F 衬度消失,如图 8.26(a)所示,而在 g020、g002 和 g$\bar{1}$13 衍射矢量下,位错 F 显示衬度,如图 8.26(b)、(c)、(d)所示,进而确定出超位错 F 的柏氏矢量为 $b_F = a[0\bar{1}1]$,其滑移面为 $b_F \times \mu_F = (100)$。尽管图 8.26 中位错 G 均显示衬度,但当衍射矢量为 g0$\bar{2}$2 时,位错 G 衬度消失(照片略去),根据 $b(g = 0$ 位错不可见判据,可确定出位错 G 的柏氏矢量为 $b_G = a[011]$,进而求出超位错 G 的滑移面为 $b_G \times \mu_G = (100)$。

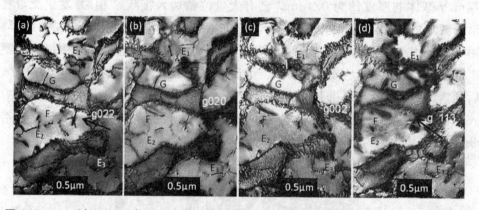

图 8.26 4.5%Re/3.0%Ru 合金经 980℃,300MPa 蠕变断裂后切入筏状 γ' 相位错组态
(a) g022,(b) g020,(c) g002,(d) g$\bar{1}$13

衍衬分析的结果表明,4.5%Re/3.0%Ru 合金在 980℃,300MPa 蠕变后期,切入筏状 γ' 相的<011>位错均可由{111}面交滑移至{100}面,形成 K-W 锁的位错组态,其中,超位错 F、G 可按下式发生位错分解:

$$a<011>_{F/G} \rightarrow (a/2)<011> + (APB)_{(100)} + (a/2)<011> \qquad (8.2)$$

分析认为,4.5%Re/3.0%Ru 合金在 980℃,300MPa 蠕变初期的微观变形机制为位错在基体通道中滑移和交滑移;在蠕变稳态期间,合金中 γ' 相已由立方体形态转变为与应力轴垂直的 N-型筏状结构。其中,基体中位错滑移至 γ/γ' 两相界面,可与界面位错网反应,改变位错原来的运动方向,促使位错攀移越过筏状 γ' 相,少量切入筏状 γ' 相的位错,可发生分解,形成不全位错加 SISF 的位错结构,如图 8.24(c)所示,该位错组态不易束集,故可抑制位错的滑移。随蠕变进行,主/次滑移系交替开动,使大量位错切入筏状 γ' 相,并可由{111}面交滑移至{100}面形成 K-W 锁,如图 8.24(b)所示,其中,部分位错可在{100}面发生分解,形成(a/2)<110>不全位错加 APB 的位错组态,如图 8.26(d)所示,上述位错组态均可抑制

位错的滑移和交滑移,提高合金的蠕变抗力。

　　4.5%Re/3.0%Ru 合金经 800℃,800MPa 蠕变 20h 后,其微观形貌如图 8.27 所示,具有波浪形迹线特征的位错为位错在基体中滑移和弓出所致,如图中白色箭头所示。

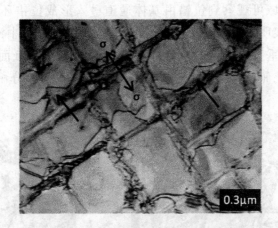

图 8.27　4.5%Re/3.0%Ru 合金在 800℃,800MPa 蠕变 20h 后微观组织形貌

　　合金经 800℃,800MPa 蠕变 150h 的微观组织形貌,如图 8.28 所示,合金中的 γ′ 相仍保持立方体形态,并在基体中存在沿双取向滑移的位错,如图 8.28(a)中 H 区域所示。剪切进入立方 γ′ 相的位错发生分解,可形成不全位错加 SISF 的位错结构。样品另一区域的微观组织形貌,如图 8.28(b)所示,可以看到,仅有少量超位错剪切进入立方 γ′ 相,其位错线方向与应力轴垂直或平行,如图中黑色箭头所示。

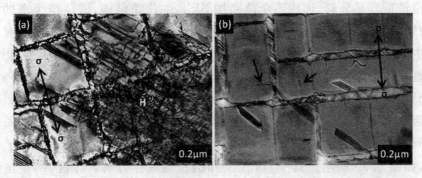

图 8.28　4.5%Re/3.0%Ru 合金在 800℃,800MPa 下蠕变 150h 后微观组织形貌
(a)位错在基体中滑移和塞积,(b)位错在 γ′ 相内发生分解

合金蠕变 325h 断裂后,近断口区域的微观组织形貌,如图 8.29 所示。蠕变后期,基体通道中的位错密度明显增加,如图中黑色箭头所示。与 4.5%Re 合金相比,4.5%Re/3.0%Ru 合金中 γ′ 相中 SISF 的数量明显增加,表明在 800℃,800MPa 蠕变期间,切入 γ′ 相的位错易于发生分解。

在样品另一区域可观察到位错由基体通道弓入形成位错环的形貌,如图 8.29(b)中箭头所示。表明,蠕变后期的变形机制是:位错在基体中滑移和剪切进入 γ′ 相,其中,位错可由垂直于纸面的基体通道交滑移至平行于纸面的基体通道,形成弓出位错环的形态;而剪切进入 γ′ 相的部分位错,可发生分解形成不全位错加 SISF 的组态。

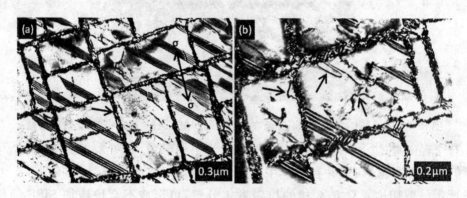

图 8.29　4.5%Re/3.0%Ru 合金经 800℃,800MPa
蠕变 325h 断裂后,近断口区域微观形貌
(a) 位错分解产生层错,(b) 超位错弓入形成位错环

以上结果表明,4.5%Re/3.0%Ru 合金在 800℃,800MPa 蠕变期间,切入 γ′ 相的超位错更容易分解,形成不全位错加 SISF 的位错结构,该位错组态的能量较低,结构较为稳定,可有效抑制位错的滑移和交滑移,是合金蠕变期间具有较小应变量的主要原因。此外,基体中形成的高密度位错缠结可产生应力集中,促使位错由一竖直基体通道发生 90°交滑移,弓出进入另一基体通道。其中,蠕变后期,大量位错剪切进入 γ′ 相,发生位错分解,形成不全位错加 SISF 的位错组态,也可有效阻碍后续位错继续运动,提高合金的蠕变抗力。

4.5%Re/3.0%Ru 合金经 800℃,800MPa 蠕变 325h 断裂后,切入 γ′ 相的位错组态,如图 8.30 所示。其中,切入 γ′ 相的位错发生分解,形成的不全位错的形态,如图 8.30(a)中 I、J 所示,剪切进入 γ′ 相的超位错如图中 K、L 所示。

当衍射矢量为 g020 时,不全位错 I 显示衬度,如图 8.30(b)所示,当衍射矢量为 g002 和 g0$\bar{2}$2 时，不全位错 I 衬度消失，如图 8.30(a)、(c)所示，根据 b·g=0 或 ±(2/3)不全位错不可见判据，可确定肖克莱不全位错 I 的柏氏矢量为 b_I=(a/3)[21$\bar{1}$]；当衍射矢量为 g020 时，不全位错 J 显示衬度，如图 8.30(b)所示，当衍射矢量为 g002 和 g0$\bar{2}$2 时，不全位错 J 衬度消失，由此确定出肖克莱不全位错 J 的柏氏矢量为 b_J=(a/3)[121]，根据位错 I 和 J 的柏氏矢量，可计算出其滑移面为 b_I(b_J=(1$\bar{1}$1)，其分解式为：

$$a[110]\rightarrow(a/3)[21\bar{1}]_I+(SISF)_{(1\bar{1}1)}+(a/3)[121]_J \tag{8.3}$$

当衍射矢量为 g002 和 g020 时，切入 γ′相的超位错 K 显示衬度，如图 8.30(a)、(b)所示，当衍射矢量为 g0$\bar{2}$2 时，位错 K 衬度消失，根据 b·g=0 位错不可见判据，可确定超位错 K 的柏氏矢量为 b_K=a[011]，位错 K 的线矢量为 μ_K=[020]，据此判断出位错 K 的滑移面为 $b_K\times\mu_K$=(100)。同理，可确定位错 L 的柏氏矢量为 b_L=a[101]，线矢量为 μ_L=[002]，其滑移面为 $b_L\times\mu_L$=(010)，表明，位错 K、L 位于 γ′相的(100)和(010)面。

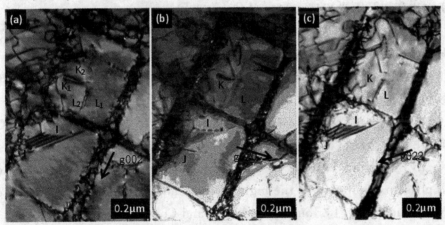

图 8.30　4.5％Re/3.0％Ru 合金经 800℃，800MPa 蠕变 325h 断裂后的位错组态
(a) g002,(b) g020 (c) g0$\bar{2}$2

由于位错剪切进入 γ′相的初始易滑移面为{111}面，因此可推断出合金 γ′相{100}面的位错为{111}面交滑移所致，蠕变期间超位错 K、L 切入 γ′相后，由初始{111}滑移面交滑移至{100}面，形成了具有非平面芯结构的 K-W 锁，该 K-W 锁中的位错为具有面角结构的不动位错，因此可有效抑制位错的滑移和交滑移。此外，从图 8.30(a)可以看出，交滑移至{100}面的超位错 K 和 L 可发生分解，形成不全位错加反相畴界(APB)的位错组态，其反应式如下：

$$a[011]_K=(a/2)[011]_{K1}+APB_{(100)}+(a/2)[011]_{K2} \tag{8.4}$$

$$a[101]_L = (a/2)[101]_{L1} + APB_{(010)} + (a/2)[101]_{L2} \qquad (8.5)$$

以上分析表明，蠕变期间形成的 K-W 锁可保留在合金的 γ' 相中，与 $\{111\}$ 面相比，位于 $\{100\}$ 面的 APB 能量较低，故该位错结构较为稳定。由于，合金 γ' 相中存在大量层错及 K-W 锁，可抑制位错滑移和交滑移，故合金具有较好的蠕变抗力。

参考文献

[1]Reed R C,Yeh A C,Tin S,et al. Identification of the partitioning characteristics of ruthenium in single crystal superalloys using atom probe tomography [J]. Scripta Materialia,2004,51(4)：327-331.

[2]Schulze C,Feller-Kniepmeier M. Transmisson electron microscopy of phase composition and lattice misfit in the Re-containing nickel-base superalloy CMSX-10[J]. Materials Science and Engineering A,2000,281(1-2)：204-212.

[3]吴文平,郭雅芳,汪越胜.镍基单晶高温合金定向粗化行为及高温蠕变力学性能研究进展[J].力学进展,2011,41(2)：172-186.

[4]汤晓君,张永军,李建国.超高温度梯度下凝固速率对一种镍基单晶高温合金定向凝固组织的影响[J].稀有金属材料与工程,2012,41(4)：738-742.

[5]陈晶阳,赵宾,冯强,等.Ru 和 Cr 对镍基单晶高温合金 γ/γ' 热处理组织演变的影响[J].金属学报,2010,46(8)：897-906.

[6]刘丽荣,金涛,陈海军,等.Ti/Al 比对镍基单晶高温合金组织和持久性能的影响[J].稀有金属材料与工程,2009,38(4)：612-616.

[7]Lv X,Zhang J,Feng Q. The promotion of Ru on topologically close-packed phase precipitation in the high Cr-containing (～9wt. %) nickel-base single crystal superalloy[J]. Journal of Alloys and Compounds,2015,648：853-857.

[8]Cui C Y,Osawa M,Sato A,et al. Effects of Ru additions on the microstructure and phase stability of Ni-base superalloy,UDIMET 720LI[J]. Metallurgical and Materials Transactions A,2006,37(2)：355-360.

[9]Yokokawa T,Osawa M,Nishida K,et al. Partitioning behavior of platinum group metals on the γ and γ' phases of Ni-base superalloys at high temperatures[J]. Scripta Materialia,2003,49(10)：1041-1046.

[10]王海锋,苏海军,张军,等.熔体超温处理温度对新型镍基单晶高温合金溶质分配行为的影响[J].金属学报,2016,52(4)：419-425.

[11]Yu X X,Wang C Y,Zhang X N,et al. Synergistic effect of rhenium and

ruthenium in nickel-based single-crystal superalloys[J]. Journal of Alloys and Compounds,2014,582: 299-304.

[12] Hemmersmeier U,Feller-Kniepmeier M. Element distribution in the macro- and microstructure of nickel base superalloy CMSX-4[J]. Materials Science and Engineering: A,1998,248(1): 87-97.

[13]Larson D J,Wissman B D,Martens R L,et al. Advances in atom probe specimen fabrication from planar multilayer thin film structures[J]. Microscopy and Microanalysis,2001,7(1): 24-31.

[14]Tian S G,Zhang B S,Yu H C,et al. Microstructure evolution and creep behaviors of a directionally solidified nickel-base alloy under long-life service condition[J]. Materials Science and Engineering: A, 2016, 673 (Supplement C): 391-399.

[15]Sun F,Zhang J,Tian Y. Calculation of alloying effect of Ruthenium in Ni-based single-crystal superalloys [J]. Computational Materials Science,2012, 60: 163-167.

[16]Shakerin S,Omidvar H,Mirsalehi S E. The effect of substrate's heat treatment on microstructural and mechanical evolution of transient liquid phase bonded IN-738 LC [J]. Materials and Design,2016,89: 611-619.

[17]Ricks R A,Porter A,Ecob R C. The growth of γ' precipitates in nickel-base superalloys[J]. Acta Metallurgica,1983,31(1): 43-53.

[18]Wu Q,Li S. Alloying element additions to Ni3Al: Site preferences and effects on elastic properties from first-principles calculations[J]. Computational Materials Science,2012,53(1): 436-443.

[19]Jiang C,Gleeson B. Site preference of transition metal elements in Ni_3Al [J]. Scripta Materialia,2006,55(5): 433-436.

[20]Meher S,Rojhirunsakool T,Nandwana P,et al. Determination of solute site occupancies within γ' precipitates in nickel-base superalloys via orientation-specific atom probe tomography[J]. Ultramicroscopy,2015,159: 272-277.

[21]Yu X X,Wang C,Zhang X,et al. Synergistic effect of rhenium and ruthenium in nickel-based single-crystal superalloys[J]. Journal of Alloys and Compounds,2014,582: 299-304.

[22]Wang Y J,Wang C Y. The alloying mechanisms of Re,Ru in the quater-

nary Ni-based superalloys γ/γ' interface: A first principles calculation[J]. Materials Science and Engineering: A,2008,490(1): 242-249.

[23]Volek A,Pyczak F,Singer R F,et al. Partitioning of Re between γ and γ' phase in nickel-base superalloys[J]. Scripta Materialia,2005,52(2): 141-145.